大学生理工专题导读
——波

[美] 丹尼尔·弗莱施 (Daniel Fleisch)
　　　劳拉·金纳曼 (Laura Kinnaman)　著

　　　　　赖伟东　译

机械工业出版社

本书分为六章，作者针对教学中学生易感困惑的问题进行重点讲解，第 1 章从波的特性出发，阐述了相关的数学知识，第 2 章则讨论了波动方程及其性质，进而在第 3 章详细分析了波动方程的解与边界条件和傅里叶理论的关系；以前三章为基础，第 4、5、6 章分别论述了机械波、电磁波和量子力学波。本书逻辑严密，语言平实生动，论述发人深思，对本科生乃至研究生学习波的知识都具有参考价值。

大学生理工专题导读——波

DANIEL FLEISCH

Wittenberg University

LAURA KINNAMAN

Morningside College

导　读 ===

　　波是力学、电磁学和量子理论等诸领域的重要课题，但是许多学生困惑于其中的数学知识。本书为补充教材而编写，着重于解决学生觉得最难的问题。

　　本书保留了作者丹尼尔·弗莱施（Daniel Fleisch）在本系列书籍其他书中通过简练语言以简单明了的方式阐释基本思想的写作风格。书中习题和例子有助于读者检验他们对概念的理解。本书可引导物理学和工程学本科生掌握波这一具有挑战性的问题。

　　本书有在线资源，网址为 www. cambridge. org/wavesguide，涵盖了书中所有习题的交互式解答方法以及一系列播客视频。作者在播客中阐释了本书每一部分的重要概念。

　　丹尼尔·弗莱施是威腾堡大学（Wittenberg University）物理系教授，主攻电磁学和空间物理学。他是几本大学生理工专题导读系列书的作者。

　　劳拉·金纳曼（Laura Kinnaman）是莫宁赛德学院（Morningside College）的物理学助理教授，她在那里从事化学物理的计算研究，并组织了物理学俱乐部。

译者序

　　本书以指导学生学习波为目的，故译者将书名译为《大学生理工专题导读——波》。该书通过模块化地编排，从波的基本特性出发，以启发性的思路讲解波的分析过程，引入概念时着重讲述其蕴含的物理学意义，数学推导既简洁、优美又具有严密的逻辑性，语言平实生动、深入浅出。尤其值得称道的是，该书作者还建立了网站，给出了重点概念、图表、例题、习题解答的资料，并配有视频讲解。纵观全书，作者较为系统地阐释了波所用到的数学知识、波动方程的建立及求解方法。在此基础上，对三类代表性的波：机械波、电磁波和量子力学波进行了重点分析。

　　译者深感荣幸能有机会完成本书的翻译工作。翻译的过程也是译者重新学习的过程。毫无疑问地说，本书使译者受益匪浅！感谢机械工业出版社汤嘉老师的支持与鼓励！

前　言

　　本书目的在于帮助读者理解波的基本概念和波动方程的数学形式。作者希望利用简洁的数学知识，清楚且平实地解释波的重要物理规律。通过本书的学习，读者可为进一步学习力学、电磁学、量子理论形成知识储备。

　　读者应注意到，本书作为参考书，并不试图处理波的所有复杂问题，而是主要致力于处理学生在学习中容易感到困惑的问题。

　　因此，本书的结构植根于参考书的要求，采用尽可能模块化的章节排列方案。读者可以根据自己的知识水平和学习中遇到的问题，适当略过已经掌握的章节，而专注于所遇到问题对应的章节。作为指导书，本书建立了相应的网站，可下载大量开放的资料，以帮助读者进一步学习、巩固所学知识。免费资源包括本书所有习题的完整交互式求解过程和对应的分析，还有针对每章各部分最重要概念、方程及图的系列讲座视频。通过这种互动方式，读者既可以迅速找到习题的求解过程及答案，也可以根据足够的提示来推导求解过程。书中 ⊙ 图标出现的地方表示该部分内容存在对应的网络资源。在支持交互链接的设备上阅读本书电子版时，网络资源可以直接显示出来。如果没有显示或者设备不支持交互链接，读者也可以通过点击图标 ⊙，跳转到本书电子资源网址。

　　本书是否适合您？答案取决于您是否正在寻求对波进行理解，无论您是为了学习物理或工程课程而进行参考，还是为了准备标准考试的物理部分，亦或为了自学。不论您出于何种原因，作者均建议您阅读本书。

目　录

第1章

波的基础

本章主要讲述波的基本概念。与其他各章一样，读者可以打乱顺序阅读本章各节，也可在掌握的基础上直接跳过某节。当然，读者在学习后续章节时，如果对某些讨论存有困惑，也可以回头来阅读、汲取本章相关知识。

本章前两部分阐释了波的基本定义和相关术语（1.1 节）、波参数之间的关系（1.2 节）。后续部分给出了理解波所需的基础知识，包括矢量（1.3 节）、复数（1.4 节）、欧拉关系（1.5 节）、波函数（1.6 节）和相位（1.7 节）。

1.1 定义

在学习新知识的起始阶段，对所涉主题用到的常用术语进行深入理解非常重要。本书既然关于波，则以"波是什么？"这一问题作为合乎情理的起点。

已有很多文献对此给出过回答。

"经典行波是介质的自持扰动，通过空间运动传递能量和动量。"（见文献［6］）

"某物理现象之所以定义为波，是由于该物理现象能够通过偏微分方程中的波动方程进行数学表述。"（见文献［9］）

"波运动的基本特征在于其通过媒介从一个地点传递到另一地点，而媒介本身并不传输。"（见文献［4］）

"波是在结构上具有扰动和还原的有节奏的变动。"

尽管以上对波的定义中没有太多共通之处，但每一种定义均包括或隐含着某些要素，有助于判断某一现象可否或应该称之为波。

通常定义波是某种扰动，即从平衡条件（非扰动状态）下的偏离。绳波扰动绳各段的位置，声波扰动了环境压强，电磁波扰动了电场或磁场的强度，而物质波扰动了粒子存在于某处的概率。

在波的传播或行进中，波的扰动从一个位置传递到另一位置，随之伴有能量传输。但请注意，多个波在传播中通过叠加所形成的扰动也可能存在非传输形式，即成为驻波（这将在第3章第3.2节讲述）。

对于周期性的波，波的扰动发生时间和空间的重复。因此，如果在某一位置观察足够长时间，一定可以发现在此位置可重现以前的扰动。进一步对波进行瞬间快照，则会看到同样的扰动出现于不同位置。但要注意，周期性的波通过叠加可形成非周期性扰动，如脉冲波（这将在第3章3.3节讲述）。

最后，对于谐波，其具有正弦曲线形状，这意味着谐波遵循正弦或余弦方程。图1-1给出了正弦波随时间和空间的变化。

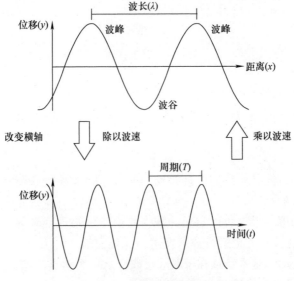

图1-1　时域和空域中的正弦波波形示例

　　因此，波作为扰动，可能传播、也可能不传播，可能具有周期性变化、也可能没有周期变化，可能具有谐波形式、也可能并不是谐波。但无论哪种波，均存在一些必须掌握的基本参数。下面通过问答的形式加以论述。

　　问：从一波峰到相邻下一波峰相距为何？

　　答：λ（希腊字母、发音"lambda"），即波长。波长是波每一周的距离量，具有长度量纲；在国际单位制中，单位为"米"（m）。这在技术上可以写成"米/周"，但在对波进行描述时，默认"/周"可以不用出现在单位中。

　　问：从一波峰到相邻下一波峰时间间隔为何？

　　答：T（有时也写作 P）。周期是波每一周持续的时间，具有时间单位，国际单位制为"秒"（s）。同样，T 的单位应写作"秒/周"（s/周），但仍默认不用写出"/周"。

　　问：波峰多久出现一次？

　　答：f，即频率。在某一空间位置计量特定时间间隔内出现的波峰个数，可测得频率 f。因此，频率是某时间间隔内出现波的周数，技术上具有"周每单位时间"的单位，但其中"周"仍可被忽略。因此在国际单位制中，频率的单位为"周/秒"或"1/s"，也可被称为赫兹（Hz）。波的频率是波周期 T 的倒数。

　　波长、波周期、频率及相应测量方法的示意如图 1-2 所示。

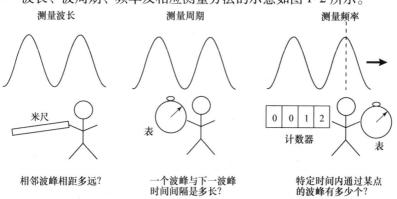

图 1-2　波参量的测量

问：波在特定位置或时间的大小为何？

答：y，即位移。位移是波所致偏离平衡位置的扰动量，其值与测量位置、测量时间有关；对于沿着 x 轴的波而言，位移是 x 和 t 的函数。位移的单位依赖于波的种类：绳波的位移具有长度单位（见第 4 章），电磁波的位移具有电场和磁场强度单位（见第 5 章），对于一维量子力学物质波则具有长度平方根分之一的单位（见第 6 章）。

问：波的最大值是多少？

答：A，即振幅。振幅是关于位移的特殊值，对应波峰。这里存在不同类型的振幅。"峰值振幅"是相对于平衡位置的最大位移，通过测量平衡位置到最高峰或最低谷的位移量而获得。"峰 – 峰"振幅对应着正波峰到负波峰之差，通过测量峰谷间距而得。"rms"振幅是位移在一个周期内的均方根值。对于正弦波，峰峰振幅是峰值振幅的 2 倍，rms 振幅是峰值振幅的 0.707。振幅与位移具有相同单位。

问：波移动的有多快？

答：v，即波速。通常所说的波速为相速度，指的是波上某一特定点移动得有多快。例如，通过测量波峰传输特定距离的时长，就是在测量波的相速度。另一种不同的速度为群速度，针对的是一族波（称为波包），波包的形状随时间而改变，更多内容请见第 3 章第 3.4 节。

问：什么参量决定波的哪一部分出现在特定的时间、特定的位置？

答：ϕ（希腊字母、发音"phi"），即相位。对于特定的位置和时间，波的相位决定了波峰、波谷、或波的其他部位出现在该时该地。换句话说，相位是描述波的函数参数（如 $\sin\phi$ 和 $\cos\phi$）。相位具有弧度的国际单位；对于波的每一周，其值在 0 至 $\pm 2\pi$ 之间。当然，相位也可以"度"为单位，1 周 $= 360° = 2\pi$ 弧度。

问：波的起始点由何决定？

答：ε（希腊字母、发音"epsilon"）或者 ϕ_0（"phi 0"），即相位常数。在时间 $t = 0$、位置 $x = 0$ 条件下，相位常数 ε 或 ϕ_0 给出了波的初始相位。考虑两个具有相同波长、频率、速度的波，如果其波形相互偏离，即这两个波不能同时或在同一位置达到峰值，这就表明这两个波具有不同的相位常数。以余弦波形为例，其就是具有相位差 π/2 或 90° 的正弦波形。

问：这听起来让人困惑，相位是否为某些角度？

答：这其实并不是问题，但您是对的，这就是为什么相位有时被称为"相位角"。下面两个定义应有助于进行理解。

问：波的频率或周期与角度有何关系？

答：ω（希腊字母、发音"omega"），即角频率。角频率可以给出在特定时间间隔内波相位变化的角度量。因此，在国际单位制中角频率的单位是弧度每秒（rad/s）。角频率与频率的关系为 $\omega = 2\pi f$。

问：波长与角度有何关系？

答：k，即波数。由波数可获知波经特定距离的相位变化量。因此，国际单位制中波数的单位为弧度每米（rad/m）。波数与波长的关系为 $k = 2\pi/\lambda$。

1.2　基本关系

前边所定义的基本参量相互之间存在着联系，可以用简单的代数方程联系在一起。例如，频率（f）和周期（T）的关系为：

$$f = \frac{1}{T} \tag{1-1}$$

该式指出频率 f 与周期 T 是反比例关系。周期大则频率小，反之，短周期对应着高频率。

式（1-1）可通过量纲关系进行证明。第 1.1 节所述基本参量中，频率单位是周每秒（常写为 /s），周期则具有相反的单位：秒/周（常写为 s）。因此，式（1-1）的国际单位制量纲为

$$\left[\frac{周}{秒}\right] = \left[\frac{1}{秒/周}\right]$$

另一简单但重要的关系式关于波的波长（λ）、波的频率（f）和波速（v），如式（1-2）所示：

$$\lambda f = v \tag{1-2}$$

该式基于速度等于距离除以时间，而波在一周的时间间隔内传播的距离为一个波长长度。因此，$v = \lambda/T$。进一步考虑到 $T = 1/f$，故可得 $v = \lambda f$。该式有很强的物理意义。例如，对于长波长和高频率的波，其一定具有大的速度，否则长波相距很远的波峰怎么能够频繁地（高频地）通过观测点呢？如果考虑波长和频率均比较小的波，短波相距很近的波峰较为稀疏地（低频地）传播，必然要求波运动得较慢。

为验证式（1-2）量纲是否平衡，以波长单位乘以频率单位，得到：

$$\left[\frac{\text{米}}{\text{周}}\right]\left[\frac{\text{周}}{\text{秒}}\right] = \left[\frac{\text{米}}{\text{秒}}\right]$$

经量纲运算就得到了速度的国际单位。

基于式（1-2），已知波长和频率则可获得波速。在研究波的时候，经常会处理同一速度的相同类型的波（如真空中的电磁波均以光速运动）。在这种情况下，各种波具有不同的波长（λ）和频率（f），但各自波长和频率的乘积须等于波速。

由此可知，波速为常数（v）时，长波（λ 较大）一定具有较低的频率（f 较小）。同理，波速恒定时，短波（λ 较小）的频率一定较高（f 较大）。这一概念非常重要，我们将其描述在图 1-3 的方程中。

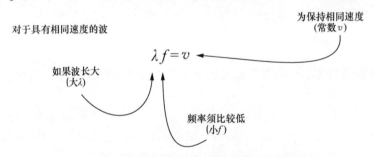

图 1-3　具有同样速度的波，其波长与频率的关系

对于声波而言（特定环境的声速为常数），频率对应音调。因此，低沉的声音（如大号的低音或卡车的隆隆声）对应长波，而高音调的声音（比如短笛或米老鼠的声音）一定为短波。

对于在可见波段的电磁波，频率对应着颜色。根据波长、频率和速度的关系，可知低频（红色）光的波长较高频（蓝色）光的波长要大。

另外还有两个对于研究波很有帮助的方程。第一个方程表征出频率（f）、周期（T）和角频率（ω）的关系。

$$\omega = \frac{2\pi}{T} = 2\pi f \tag{1-3}$$

上式表明角频率具有弧度每秒的量纲（国际单位制，rad/s），与第 1.1 节该参量的定义一致。频率（f）给出了每秒的周数，角频率（ω）给出了每秒的弧度数。

波的角频率（ω）是很有用的参量。为了得到某一特定位置处、某一特定时间间隔（Δt）内波的相位变化（$\Delta\phi$），通过角速率（ω）与时间间隔（Δt）相乘可得：

$$(\Delta\phi)_{\text{constant } x} = \omega\Delta t = \left(\frac{2\pi}{T}\right)\Delta t = 2\pi\left(\frac{\Delta t}{T}\right) \tag{1-4}$$

上式的下标"constant x"意味着相位变化仅与时间演化有关。位置变化引起的相位改变将在后续内容中再进行分析，现在我们仅考虑位置固定的情形（x 为常数，constant x）。

由式（1-4）向前回溯 $\Delta t/T$ 这一表达式的含义，其表示时间间隔 Δt 占整个周期 T 的比例。由于一个完整周期的相位变化为 2π 弧度，因此（$\Delta t/T$）比值乘以 2π 弧度就可以得到时间间隔 Δt 内波的相位变化对应的弧度值。

例 1.1　对于周期（T）为 20s 的波，5s 内其相位变化如何？

解：本例波的周期 T 为 20s，则时间间隔 Δt 为 5s 对应着 1/4 周期（$\Delta t/T = 5/20 = 1/4$）。用 2π 弧度乘以该比例，得到 $\pi/2$ 弧度。因此，每 5s 时间间隔对应着波的相位增加了 $\pi/2$ 弧度（90°）。

这表明角频率（ω）可以被看作时间到相位的"转换器"。对于任意时间 t，均可通过 ωt 这一乘积将时间转换为相位变化。

本节最后一个重要的关系涉及波数（k）和波长（λ）。这两个参量之间的关系如下：

$$k = \frac{2\pi}{\lambda} \qquad (1\text{-}5)$$

该式表明波数的量纲为弧度每米（国际单位制，rad/m）。如同角频率将时间转化为相位变化一样，波数可用于将距离转化为相位变化。

将波数 k 与位置间隔 Δx 相乘，可得波在特定时间经给定间距的相位变化 $\Delta \phi$：

$$(\Delta \phi)_{\text{constant } t} = k\Delta x = \left(\frac{2\pi}{\lambda}\right)\Delta x = 2\pi\left(\frac{\Delta x}{\lambda}\right) \qquad (1\text{-}6)$$

上式的下标"constant t"表明相位变化仅与位置改变有关。当然，如前所述，时间变化会引起额外的相位改变。

就像 $\Delta t/T$ 给出了时间间隔 Δt 占整个周期 T 的比例一样，$\Delta x/\lambda$ 同样给出了间距 Δx 占整个波长的比例。因此，波数 k 可以看作间距到相位的转换器，您可通过 kx 这一乘积获得任意间距 x 对应的相位变化。

在了解本节和 1.1 节所述的波参量及其关系后，大体上已经可以着手讨论波函数了。在此之前，如果进一步掌握矢量、复数以及欧拉关系的基本知识，则对于后续对波的学习会非常有帮助。这些知识在本章后续三节中陆续展开。

1.3 矢量的概念

在学习复数和欧拉关系之前，掌握矢量的基础知识很重要。在后续章节中，我们会发现每一复数都可认为由矢量相加而得。此外，一些波涉及矢量（如电场和磁场），掌握矢量的基础知识有助于理解此类波。

由此可提出问题：矢量到底是什么？对于许多物理应用来说，可以把矢量简单地看作具有幅度（多大）和方向（指向哪里）的量。例如，速率不是矢量而是标量，因为速率仅有大小（表征出物体移动得多快）而无方向；速度则为矢量，因其同时具有大小和方向（表征出物体向某一方向移动的有多快）。

有许多量可用矢量表示，如加速度、力、线动量、角动量、电场和磁场。矢量通常用箭头图表示。箭头的长度与矢量的幅度成比例，箭头的指向表征矢量的方向。在本文中，矢量经常表征为粗体字母（如 A），或在变量名称上加一箭头（如 $\vec{A}$）。

就像标量可以进行加、减、乘一样，矢量也可以进行这些数学运算。其中，矢量加法、矢量与标量的乘法这两种运算对于理解复数非常重要。

做矢量加法的简单方法是在不改变矢量长度及方向的前提下，对矢量进行平移，使其尾端（起点，无箭头端）与另一矢量的首端（终点，有箭头端）相连。从第一个矢量的尾端向第二个矢量的首端做出新矢量，即为两矢量之和。矢量加法的"首尾相接"作图方法适用于对任何方向的矢量进行加法运算，也适用于三个乃至更多个矢量进行相加。

图1-4a 给出了矢量 $\vec{A}$ 和 $\vec{B}$。设想在不改变长度和方向的前提下平移矢量 $\vec{B}$，使矢量 $\vec{B}$ 尾端与矢量 $\vec{A}$ 首端相接，如图 1-4b 所示。两矢量之和 $\vec{C} = \vec{A} + \vec{B}$ 称为合成矢量，$\vec{C}$ 从矢量 $\vec{A}$ 的尾端延伸到矢量 $\vec{B}$ 的首端。如果保持 $\vec{A}$ 的方向不变，通过将矢量 $\vec{A}$ 的尾端与矢量 $\vec{B}$ 的首端进行首尾相接，也可以得到同样的合成矢量 $\vec{C}$。

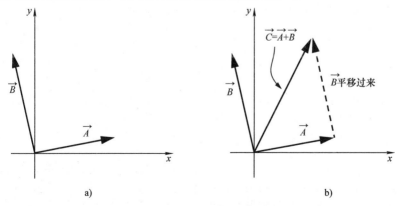

图1-4　矢量加法的作图法

必须注意，合成矢量的长度并不是矢量 $\vec{A}$ 长度与矢量 $\vec{B}$ 长度直接相加之和（除非 $\vec{A}$、$\vec{B}$ 恰好指向同一方向）。因此，矢量加法不同于标量加法，切勿将标量加和的方法用于矢量。

容易得到标量与矢量相乘的结果。矢量与任何正的标量相乘，其方向不变，仅长度会被缩放。例如，$4\vec{A}$ 矢量与 $\vec{A}$ 在同一方向上，但其长度 4 倍于矢量 $\vec{A}$ 长度，如图 1-5a 所示。如果标量小于 1，那么相乘所得矢量将比原矢量短。据此，用 1/2 乘以矢量 $\vec{A}$ 所得乘积与矢量 $\vec{A}$ 方向相同、但长度仅为 $\vec{A}$ 的一半。

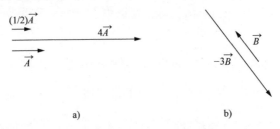

a)   b)

图 1-5 标量与矢量相乘的图示

如果标量乘数因子是负数，则其与矢量相乘后，所得矢量除长度发生缩放外，方向也会反向。例如，以 –3 乘以矢量 $\vec{B}$ 得到新矢量 $-3\vec{B}$，这个新矢量长度为矢量 $\vec{B}$ 的三倍，而方向则指向 $\vec{B}$ 的相反方向，如图 1-5b 所示。

在了解矢量加法、矢量与标量乘法的基础上，进一步可用另一途径表示和处理矢量。该方法引入分量和单位矢量，这将与复数的表示与处理直接相关。

为了解二维笛卡尔坐标系中矢量分量和单位矢量，在图 1-6 针对矢量 $\vec{A}$ 进行处理。由图 1-6a 可知，x 分量（A_x）是矢量 $\vec{A}$ 在 x 轴上的投影（可想象一束平行于 y 轴的光垂直 x 轴向下照射，观察该矢量 $\vec{A}$ 投射到 x 轴上的阴影）。同样，y 分量（A_y）是矢量 $\vec{A}$ 在 y 轴上的投影（想象一束平行于 x 轴、垂直于 y 轴的光向左照射）。

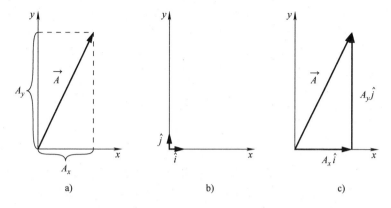

a)   b)   c)

图1-6 矢量 $\vec{A}$ 及其分量 A_x 和 A_y

　　进一步观察图1-6b。图中分别沿着 x 轴和 y 轴的小箭头因其具有单位长度（即长度为一个单位），被称为"基本矢量"或"单位矢量"。"单位"指的是什么呢？这里指代的是 x 轴和 y 轴的任何单位。因此，单位矢量 $\hat{i}$（英文读作"i-hat"）沿着 x 轴、长度为1个单位，而 $\hat{j}$ 单位矢量（英文读作"j-hat"）沿着 y 轴、长度也为1单位。请注意一定不要混淆 $\hat{i}$ 与 i，后者没有矢量标记，其表示 $\sqrt{-1}$。

　　将单位矢量与矢量分量 A_x 和 A_y 结合在一起，单位矢量的意义就能直接体现出来了。A_x 和 A_y 作为标量，与单位矢量相乘，通过对单位矢量进行缩放而得到新矢量，如图1-6c所示。图中 $A_x\hat{i}$ 与单位矢量 $\hat{i}$ 同向（当然也是与 x 轴同向），但长度为 A_x。同样地，$A_y\hat{j}$ 与 $\hat{j}$ 同向（与 y 轴同向），但长度为 A_y。

　　由此，进一步利用矢量加法，可定义矢量 $\vec{A}$ 为 $A_x\hat{i}$ 与 $A_y\hat{j}$ 之和。据此，就形成了矢量 $\vec{A}$ 的一个非常有效的表示方法：

$$\vec{A} = A_x\hat{i} + A_y\hat{j} \tag{1-7}$$

换句话说，式（1-7）表明：先在 x 轴方向行进 A_x 长度，再沿 y 轴方向行进 A_y 长度，就可以从矢量 $\vec{A}$ 起点到达矢量 $\vec{A}$ 的终点。

如果有了某一矢量的 x 分量和 y 分量，易于获得其幅度（长度）和方向（角度）。对于前者，首先对 x 分量和 y 分量求平方和，然后再开方运算即可（这与利用勾股定理求直角三角形斜边长度的方法一样）。矢量幅度通过在矢量名称的两侧加上竖线来表示（如 $|\vec{A}|$），故

$$|\vec{A}| = \sqrt{A_x^2 + A_y^2} \qquad (1\text{-}8)$$

对于矢量 $\vec{A}$ 的角度，其由该矢量与 x 轴正方向沿逆时针的夹角给出：

$$\theta = \arctan\left(\frac{A_y}{A_x}\right) \qquad (1\text{-}9)$$

将矢量用分量和基本矢量表出后，相对于用首尾相接的图形方式求合成矢量而言，矢量加法会变得很简单。如果 $\vec{C}$ 是 $\vec{A}$、$\vec{B}$ 两矢量之和，则 $\vec{C}$ 矢量的 x 分量（C_x）是 $\vec{A}$、$\vec{B}$ 两矢量 x 分量之和（即 $A_x + B_x$），而 $\vec{C}$ 矢量 y 分量（C_y）也是 $\vec{A}$、$\vec{B}$ 两矢量 y 分量之和（即 $A_y + B_y$）。由此可得：

$$C_x = A_x + B_x$$
$$C_y = A_y + B_y \qquad (1\text{-}10)$$

该原理如图 1-7 所示。

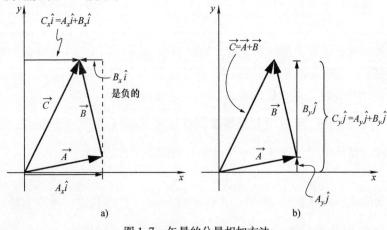

图 1-7　矢量的分量相加方法

上述加法中，$\vec{A}$ 矢量的 x 分量之所以可以与 $\vec{B}$ 矢量 x 分量相加，是因为这两个矢量分量均与 $\hat{i}$ 单位矢量相乘，两者合成矢量也指向同一方向（沿 x 轴）。同理，$\vec{A}$ 矢量 y 分量也可与 $\vec{B}$ 矢量 y 分量相加，同样因为这些矢量分量均与 $\hat{j}$ 单位矢量相乘，合成后的矢量也指向同一方向（沿 y 轴）。但请注意，切勿将某矢量的 x 分量与该矢量（或其他矢量）的 y 分量直接相加。

例 1.2 对于矢量 $\vec{F} = \hat{i} + 4\hat{j}$、$\vec{G} = -7\hat{i} - 2\hat{j}$，$\vec{H}$ 由 $\vec{F}$、$\vec{G}$ 相加所得。求矢量 $\vec{H}$ 的幅值和方向。

解：利用分量相加方法，矢量 $\vec{H}$ 的 x 分量、y 分量分别为

$$H_x = F_x + G_x = 1 - 7 = -6$$
$$H_y = F_y + G_y = 4 - 2 = 2$$

则 $\vec{H} = -6\hat{i} + 2\hat{j}$。求得 $\vec{H}$ 的幅度为

$$|\vec{H}| = \sqrt{H_x^2 + H_y^2} = \sqrt{(-6)^2 + (2)^2} = 6.32$$

进一步确定 $\vec{H}$ 的方向为

$$\theta = \arctan\left(\frac{H_y}{H_x}\right) = \arctan\left(\frac{2}{-6}\right) = -18.4°$$

但是，考虑到上述反正切运算函数的参量分母为负，矢量 $\vec{H}$ 与 x 轴正方向沿逆时针的夹角应为 $-18.4° + 180° = 161.6°$。

关于矢量分量、矢量加法与复数的关系，将在本章后续部分介绍。

1.4 复数

理解复数有助于降低学习波的难度，也许读者已对复数有了些基础知识，如复数具有实部和虚部。然而，"虚部"这个词经常会引起困惑，让人迷惑于复数的性质和用途。本节概述了复数，以便后续用于波函数，并为下节讨论欧拉关系奠定基础。

　　复数的几何基础和 $\sqrt{-1}$（$\sqrt{-1}$ 在物理和数学领域通常用 i 表示、在工程领域通常用 j 表示）的意义并非来自以前的数学家，而是由 18 世纪挪威 – 丹麦测绘员 Caspar Wessel 提出来的。这对于刚接触复数的学生来说，通常会感到很惊奇。

　　Wessel 的测绘员职业促使他花大量时间考虑有向线段的数学知识（当时，矢量一词还未广泛使用）。正是 Wessel 发展了本章 1.3 节所述的"首尾相接"矢量相加原理。在考虑如何实现两个有向线段相乘时，Wessel 偶然发现了 $\sqrt{-1}$ 的几何意义，这是复平面概念的基础。

　　要理解复平面，请见图 1-8 左侧所示的数轴；从数不清的实数中，数轴可选取几个实数标记于其上。尽管数轴已用了数千年，但 Wessel 作为测绘员，从二维尺度进行了新的思考。他在与数轴垂直 90°的方向上构建另一条数轴，然后将两条数轴画在同一张图中，如图 1-8 右侧图所示。

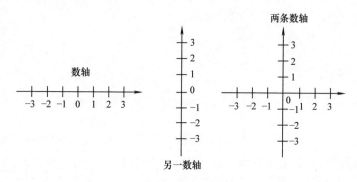

图 1-8　二维的数轴

　　针对图 1-9a 所示指向右侧的有向线段或矢量，根据第 1.3 节矢量乘法，通过简单地乘以 – 1，即可获得相反方向的矢量，并绘于图 1-9a 中。

　　进一步观察图 1-9b，图中有相互垂直的两条数轴。对指向水平轴右侧的矢量进行旋转 90°的操作，可获得与竖直轴同向的矢量。如果对所得到的竖直矢量进一步做旋转 90°的操作，则新的矢量指向水平轴的左侧方向。

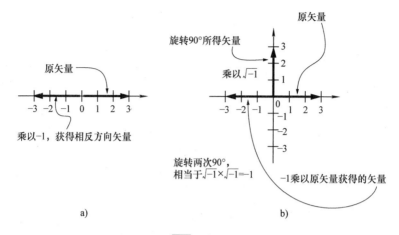

a)

b)

图 1-9 $\sqrt{-1}$ 是旋转 90°算符

如前所述，反向的矢量可通过原矢量与 –1 相乘而得。考虑到 180°的旋转操作与乘以 –1 等效，图中每旋转 90°对应着矢量乘以 $\sqrt{-1}$。因此，i（即 $\sqrt{-1}$）可作为将任意矢量旋转 90°的作用算符。

由此，这两条相互垂直的数轴构成了我们今天所知的复平面。通过乘以 $\sqrt{-1}$，将水平数轴旋转成了复平面的垂直数轴；不幸的是，习惯上把垂直轴上的数称为"虚数"。之所以说不幸，是因为这些数和水平数轴上的数一样真实。在学习复数时，这种称谓非常普遍，所以当接触复数时，大家可能知道复数由"实部"和"虚部"组成。

复数经常如下式所示：

$$z = \mathrm{Re}(z) + \mathrm{i}\left[\,\mathrm{Im}(z)\,\right] \tag{1-11}$$

上式中复数 z 由实部 $\mathrm{Re}(z)$ 和虚部 $\mathrm{Im}(z)$ 构成，i 这一符号用来提醒您虚部沿着垂直方向的数轴。

将式（1-11）与本章 1.3 节式（1-7）进行比较，可发现两表达式有共通之处。

$$\vec{A} = A_x\hat{i} + A_y\hat{j} \tag{1-7}$$

从表达式形式上看，两式左侧的矢量 $\vec{A}$ 或复数 z 都等于表达式右侧两项之和。式（1-7）矢量表达式右侧两项对应着不同的方向，不能进行代数加和。与此一致，式（1-11）复数表达式右侧两项对应着不同方向的数轴，也不能进行代数加和。

如果读者理解了矢量的数学运算，可以将矢量的一些运算方法直接应用于复数。将复数的实部对应矢量的 x 分量，虚部对应矢量的 y 分量。因此，如果要计算复数的幅值，可应用

$$|z| = \sqrt{[\text{Re}(z)]^2 + [\text{Im}(z)]^2} \tag{1-12}$$

而复数相对于实轴的角度为

$$\theta = \arctan\left(\frac{\text{Im}(z)}{\text{Re}(z)}\right) \tag{1-13}$$

另一种计算复数幅值的方法可应用复数的复共轭。复数的复共轭表示为 z 上标加 $*$（z^*），通过改变复数虚部的符号即可获得其复共轭。复数 z 及其复共轭 z 如下式所示：

$$z = \text{Re}(z) + \text{i}[\text{Im}(z)]$$
$$z^* = \text{Re}(z) - \text{i}[\text{Im}(z)] \tag{1-14}$$

复数的幅值可通过复数与其共轭相乘再开方运算而得：

$$|z| = \sqrt{z^* z} \tag{1-15}$$

通过对实部和虚部逐项相乘，可证明式（1-15）与式（1-12）等效，如下所示：

$$|z| = \sqrt{z^* z} = \sqrt{[\text{Re}(z) - \text{i}[\text{Im}(z)]][\text{Re}(z) + \text{i}[\text{Im}(z)]]}$$
$$= \sqrt{[\text{Re}(z)][\text{Re}(z)] - \text{i}^2[\text{Im}(z)][\text{Im}(z)] + \text{i}[\text{Re}(z)][\text{Im}(z)] - \text{i}[\text{Re}(z)][\text{Im}(z)]}$$
$$= \sqrt{[\text{Re}(z)][\text{Re}(z)] + [\text{Im}(z)][\text{Im}(z)]} = \sqrt{[\text{Re}(z)]^2 + [\text{Im}(z)]^2}$$

复数的实部和虚部分别对应着两条不同数轴上的信息，表示一个复数需要在图中给出两条轴才可以，图 1-10 给出了一些复数的示例。这经常被称为复数的直角坐标表示形式，但也可将复数的实部和虚部通过式（1-12）和式（1-13）转换成幅值和角度的形式，如图 1-11 所示。

另外，如果已知复数 z 的幅值（$|z|$）和角度（θ），通过图 1-11 的几何关系可求得复数 z 的实部（Re）和虚部（Im），即

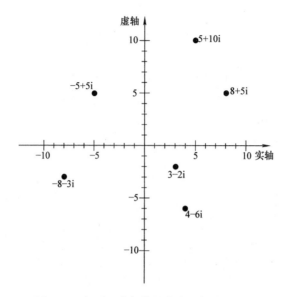

图 1-10　复平面中复数的直角坐标表示形式

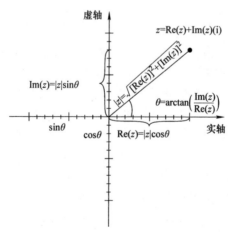

图 1-11　复数由直角坐标形式向极坐标形式的转换

$$\begin{cases} \mathrm{Re}(z) = |z|\cos\theta \\ \mathrm{Im}(z) = |z|\sin\theta \end{cases} \tag{1-16}$$

复数的极坐标形式可以写成：

$$复数 = 幅值 \angle 角度,$$

或

$$z = |z| \angle \theta \tag{1-17}$$

例 1.3 给出图 1-10 中每一复数的幅值和角度。

解：将式（1-12）和式（1-13）关于直角坐标表示到极坐标表示的转换关系应用于图 1-10 的复数，可求出每一复数的幅值和角度。例如，对于复数 $z = 5 + 10\mathrm{i}$，实部 $\mathrm{Re}(z) = 5$、虚部 $\mathrm{Im}(z) = 10$，因此可求得

$$|z| = \sqrt{[\mathrm{Re}(z)]^2 + [\mathrm{Im}(z)]^2} = \sqrt{(5)^2 + (10)^2} = 11.18$$

求得角度为

$$\theta = \arctan\left(\frac{\mathrm{Im}(z)}{\mathrm{Re}(z)}\right) = \arctan\left(\frac{10}{5}\right) = 63.4°$$

同理，复数 $-5 + 5\mathrm{i}$ 的实部 $\mathrm{Re}(z) = -5$、虚部 $\mathrm{Im}(z) = 5$，由此可得

$$|z| = \sqrt{[\mathrm{Re}(z)]^2 + [\mathrm{Im}(z)]^2} = \sqrt{(-5)^2 + (5)^2} = 7.07$$

其与实轴的夹角为

$$\theta = \arctan\left(\frac{\mathrm{Im}(z)}{\mathrm{Re}(z)}\right) = \arctan\left(\frac{5}{-5}\right) = -45°$$

由于反正切函数的参量分母为负值，则该复数极坐标形式下与实轴正方向沿逆时针的夹角为 $-45° + 180° = 135°$。

图 1-10 中六个复数的幅值和角度表示于图 1-12 中。

弄明白了复数与复平面之间的关系，对于理解在复平面上无穷多个复数点的一个特殊子集非常有用。该子集由围绕原点以恰好一个单位的距离形成的圆上所有的复数点组成。该圆半径是单位长度，因此称其为"单位圆"。

图 1-13 给出了单位圆，由单位圆上的任意复数 z 均可画出一个长度（幅度）为 1、角度为 θ 的矢量。依据式（1-16），单位圆上的任意复数的实部和虚部须为

$$\begin{cases} \mathrm{Re}(z) = |z|\cos\theta = 1\cos\theta \\ \mathrm{Im}(z) = |z|\sin\theta = 1\sin\theta \end{cases} \tag{1-18}$$

进而，单位圆上的任意复数可以写为

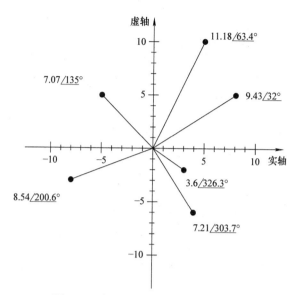

图 1-12　复平面内的复数及其极坐标形式

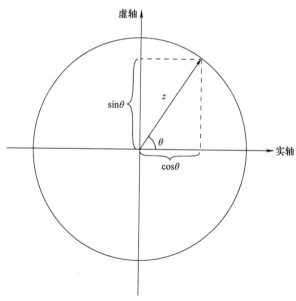

图 1-13　复平面内的单位圆

$$z = \cos\theta + i\sin\theta \qquad (1\text{-}19)$$

如不能确信 z 是否有正确的幅值，基于式（1-15）可做验证如下：

$$
\begin{aligned}
|z| &= \sqrt{z^* z} \\
&= \sqrt{(\cos\theta - i\sin\theta)(\cos\theta + i\sin\theta)} \\
&= \sqrt{\cos^2\theta + \sin^2\theta + i\sin\theta\cos\theta - i\sin\theta\cos\theta} \\
&= \sqrt{\cos^2\theta + \sin^2\theta} = \sqrt{1} = 1
\end{aligned}
$$

验证可知，z 点位于复平面的单位圆上。

复平面中的单位圆对于理解一种称为"相量"的矢量特别有用。尽管不同的作者对相量使用不同的定义，但在大多数文献中，您会发现相量被描述为在复平面中端点围绕单位圆旋转的矢量，如图 1-14 所示。

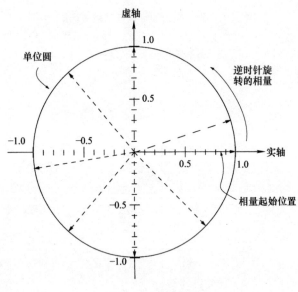

图 1-14　旋转相量

值得注意的是，图中相量从原点延伸到单位圆；这个特定的相量最初指向为沿着实轴的正方向。随着 θ 增大（θ 变为正），相量逆时针旋转并保持一个单位长度。经过一个周期后，相量返回到原来的位置，再次指向实轴正方向。如果 θ 减小（正值减小或变得更负），相量沿顺时针方向旋转。

相量在波的分析中非常有用，其原因之一如图 1-15 所示。在图右半部分，当相量旋转时，相量在虚轴上的投影随着 θ 的增大而描绘出正弦波形。在图底部，随 θ 增大，相量在实轴上的投影呈现出余弦波形变化。

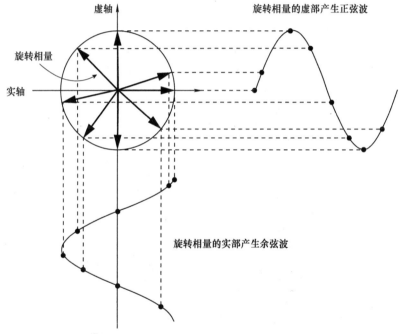

图 1-15　旋转相量的实部和虚部

旋转相量可以表示出波相位的变化，而欧拉关系则给出了使用相量进行数学运算的方法，这将在下一节进行阐述。

1.5　Euler 关系

虽然上一节所学到的对复数 z 分离实部分量和虚部分量很有用，

但当开始对 z 进行代数或微积分运算时，仍发现会非常麻烦。最好将定义 z 所需的所有信息包含于一个更易于使用的 θ 函数中。将复数 z 写成（z = 幅值 ∠ 角度）是朝着正确方向迈出的一步，但如何对这样的表达式进行数学运算呢（例如乘以另一个复数或求导）？为此，需要将 z 表示为一个既有幅值又有相位的函数，且应与表达式 $z = \cos\theta + i\sin\theta$ 相等。

要找到这样的函数，一种方法是研究其求导性质。z 中包含正弦和余弦表达式，其一阶导数为

$$\frac{\mathrm{d}z}{\mathrm{d}\theta} = -\sin\theta + i\cos\theta = i(\cos\theta + i\sin\theta) = iz \qquad (1\text{-}20)$$

上式应用了 i 乘以 i 等于 -1 的运算。进一步，求得二阶导数为

$$\frac{\mathrm{d}^2 z}{\mathrm{d}\theta^2} = -\cos\theta - i\cos\theta = i^2(\cos\theta + i\sin\theta) = i^2 z = -z \qquad (1\text{-}21)$$

由此可见，每对 z 求一次导数，只要直接多乘一个因子 i 即可，z 本身并不变。

要找到这样的 z，可以解微分方程 $\mathrm{d}z/\mathrm{d}\theta = iz$，或者可以猜出这样的一个解（这是物理学家最喜欢用的求解微分方程的方法）。可以在本章课后习题和在线解答中获得解这种微分方程的知识，但本节将采用猜测法。

式（1-20）表明函数 z 随 θ 的变化（即斜率 $\mathrm{d}z/\mathrm{d}\theta$）等于函数（$z$）乘以因数（i）。每取一个关于 θ 的导数都要再乘一个因数 i，这意味着函数中存在 i 与 θ 的乘积。最初猜测函数 z 可能就是 $i\theta$，但在这种情况下，θ 在第一次求导后即会消失。所以对函数 z 的一个更可能的猜测是 $i\theta$ 出现于某式的方次上。可以把这个"某式"称为 a，a 是一个非常特殊的值，其求导（$\mathrm{d}a^{i\theta}/\mathrm{d}\theta$）得到因数 i 及不变的原函数。

将 $i\theta$ 写成 x，我们寻找 $\mathrm{d}a^x/\mathrm{d}x = a^x$ 的 a 值。这意味着函数的斜率必须等于 x 处对应的函数值。图 1-16 给出了 a 值的一些选择，并绘制了 a^x 与 x 的函数曲线。如果 a 是 2，那么 $x = 1$ 时 a^x 的值是 $2^1 = 2$，而其函数求导结果 $\mathrm{d}(2^x)/\mathrm{d}x$ 在 $x = 1$ 处斜率为 1.39（太小）。如果 a 是 3，那么 $x = 1$ 时 a^x 的值是 $3^1 = 3$ 而函数斜率等于 3.30（太大）。但

是，如果 a 处于 2 到 3 之间的最优位置、大约为 2.72 时，a^x 在 $x=1$ 处为 $2.72^1 = 2.72$，其斜率则为 2.722。该斜率值与函数值非常接近。可见，要让函数与其斜率完全相同，必须令 $a = 2.718$ 并在后边加上无限多位小数。就像 π 一样，这个无理数很容易就被取个名字 e，有时也称作"欧拉数"。

根据上述推论，构造出复数函数：$z = e^{i\theta}$。z 关于 θ 的一阶导数是

$$\frac{dz}{d\theta} = i(e^{i\theta}) = iz \tag{1-22}$$

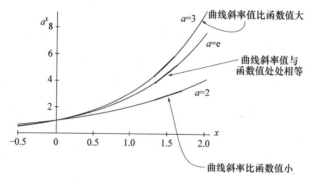

图 1-16　选定 e 的示意图

进一步求得其二阶导数为

$$\frac{d^2z}{d\theta^2} = i^2(e^{i\theta}) = i^2z \tag{1-23}$$

上述求导结果与我们在式（1-20）和式（1-21）针对 $z = \cos\theta + i\sin\theta$ 所得结果相同。让这两种 z 彼此相等，获得 Euler 关系：

$$e^{\pm i\theta} = \cos\theta \pm i\sin\theta \tag{1-24}$$

这一方程被一些数学家和物理学家认为是有史以来最重要的方程之一。在欧拉关系中，表达式两侧都是单位圆上任一复数的表达式。方程左侧强调复数的幅度（左侧隐含着 1 与 $e^{i\theta}$ 相乘）和在复平面中的方向（角度 θ）；方程右侧强调复数的实部分量（$\cos\theta$）和虚部分量（$\sin\theta$）。证明欧拉关系方程两侧等价的另一种方法是写出每一侧的幂级数。可以在课后习题和在线解答中看到求解过程。

使用本节和前几节提出的概念去讨论波函数之前，我们花上几分钟的时间，以确保理解表达式 e^{ix} 的指数中存在 i 的重要性。如果没有 i，表达式 e^x 仅是随着 x 的增加而呈指数增大的实数，如图 1-17a 所示。但当指数项中存在 $\sqrt{-1}$（复平面中两条垂直数轴的旋转运算符），会导致表达式 e^{ix} 从实数轴移动到虚数轴，表达式的实部和虚部将以余弦和正弦方式振荡，如图 1-17b 所示。因此，表达式 e^{ix} 的实部和虚部的振荡方式与图 1-15 中旋转相量的实部分量和虚部分量的振荡方式完全相同。

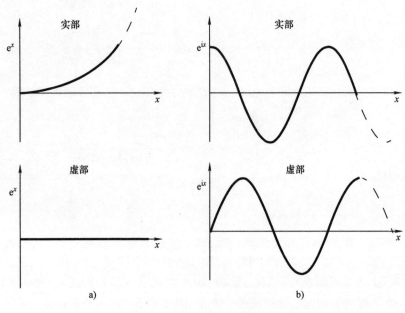

图 1-17　e^x 和 e^{ix} 的区别

1.6　波函数

波函数的概念在波理论中很有用，但学生们经常不能准确理解波函数的性质和数学形式。这种困惑可能来自讨论波函数时常用的术语，因此本节的目的是对波函数进行平实的语言描述，并进行数学定义，然后说明其在解决波问题中的用途。

　　简单地说，任何波的波函数就是定义波在某地某时位移值的函数。当遇到波函数的时候，经常会遇到一些看似多余的表达方式，比如

$$y(x,t) = f(x,t) \tag{1-25}$$

或
$$y = f(x,t) \tag{1-26}$$

或
$$\psi = f(x,t) \tag{1-27}$$

　　在这些方程中，y 和 ψ 表示波的位移，但 f 并不表示频率。相反，f 表示位置（x）和时间（t）的函数。我们不禁问：这到底是什么函数呢？这其实就是描述波在时间和空间上形状的函数。

　　要理解这一点，请记住"x 和 t 的函数"的意思是"依赖于 x 和 t"。所以形如 $y = f(x, t)$ 的函数意味着位移（y）的值取决于测量时波的位置（x）和时间（t）。因此，如果函数 f 随 x 和 t 变化很慢，就必须在两个相距很远的地方或者在两个相差很大的时间点，才能观察到波所产生位移的显著差别。

　　当然，所选择的函数 f 决定了波的形状。式（1-25）~式（1-27）表明波在任何地点或任何时间的位移取决于波的形状。

　　思考波的形状最简单方法是想象在某个时刻拍下了波的快照。为简便计，可设定第一次快照拍摄时间 $t = 0$，后续所摄快照相对于第一次快照计时即可。在第一次快照时，式（1-26）可写为

$$y = f(x,0) \tag{1-28}$$

　　随着时间的推移，许多波的形状并不变—波沿着传播方向移动，所有的波峰和波谷都会同时移动，因此波形状不会随着波的移动而改变。对于这种"非色散"波，因为波的形状并不取决于快照时间，所以 $f(x, 0)$ 可以写为 $f(x)$。函数 $f(x)$ 可以称为"波的轮廓"。以下给出一些波形的例子：

$$\begin{cases} y = f(x,0) = A\sin(kx) \\ y = f(x,0) = A\left[\cos(kx)\right]^2 \\ y = f(x,0) = \dfrac{1}{ax^4 + b} \end{cases} \tag{1-29}$$

式（1-29）的三个波绘于图 1-18。受限于用静态方法难以同时显示空间和时间函数全貌的缺陷，这些波的轮廓看起来与前边章节中的波形图（例如图 1-1 中的波）非常相似。要了解波和波的轮廓之间的区别，可以想象画出正弦波的几个周期，如图 1-18a 所示。如果在不同的纸张上重复绘图，每次将波形向左或向右进行少量移动，将这些纸张放在一起就可以创建出"动画书"。翻阅这本书可以观察到波本身随着时间而发生的移动，每一页的图就对应着某一瞬间波轮廓。

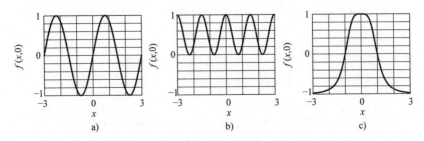

图 1-18　式（1-29）所对应波的轮廓

一旦获得了波的轮廓 $f(x)$，就离波函数 $y(x, t)$ 仅差一小步了。要迈出这一步，您必须考虑这样一个事实，即波产生的位移既取决于空间，也取决于时间。本章第一节的定义给出了如何理解这一点的提示。回想一下，位移这一定义回答的问题："在此时此刻，波有多大？"相位则回答了"在此时此刻，波的哪一部分出现（例如波峰或波谷）？"这表明位移与波的相位存在函数关系。

为澄清这一点，请回忆 1.2 节，那时我们发现波的相位与空间（$\Delta\phi_{\text{const } t} = k\Delta x$）和时间（$\Delta\phi_{\text{const } x} = \omega\Delta t$）有关。因此，相位随空间和时间的变化可写为

$$\Delta\phi = \phi - \phi_0 = k\Delta x \pm \omega\Delta t \tag{1-30}$$

式中，±号表明波可沿互为相反的方向传播，这将在本节后边讨论。将位置变化写为 $\Delta x = x - x_0$、时间变化写为 $\Delta t = t - t_0$，然后设置 $x_0 = 0$、$t_0 = 0$，则有 $\Delta x = x$ 和 $\Delta t = t$。如果初始相位 ϕ_0 为零，则在任何位置（x）和时间（t）处，相位可以写为

$$\phi = kx \pm \omega t \tag{1-31}$$

因此，位移的函数形式可以写为

$$y(x,t) = f(kx \pm \omega t) \tag{1-32}$$

其中，函数 f 决定了波的形状，函数的参数（即 $kx \pm \omega t$）是波在任一位置（x）和时间（t）处的相位 ϕ。

这个方程在解决各种各样波动问题时非常有用，而且它含有波的速度这一参量。在进一步分析如何在这个表达式中找到波速和波的方向之前，下边给出一个波函数的例子，学习如何利用波函数确定特定位置和时间的波的位移。

例 1.4 已知波函数为

$$y(x,t) = A\sin(kx + \omega t) \tag{1-33}$$

其中波的振幅 A 为 3m，波长 λ 是 1m，波的周期 T 为 5s。求在位置 $x = 0.6$m 处、时间 $t = 3$s 时，波的位移 $y(x, t)$。

解：一种解题方法是动手做出该波的动画书。做动画书时，依据波的振幅可推知波峰有多大，波长则告诉在每页动画书上波峰的间隔有多远，而波的周期用于确定动画书中波的移动距离（波必须在每个周期内沿传播方向移动一个波长的距离）。然后，可以翻动画书到对应于 3s 时间的页面，并沿 x 轴测量 0.6m 位置处波的 y 值（位移）。

或者可以直接把每个变量代入式（1-33）。1m 的波长意味着波数 $k = 2\pi/1 = 2\pi \text{rad/m}$，而 5s 的波周期对应频率 $f = 1/5 = 0.2\text{Hz}$（角频率 $\omega = 2\pi f = 0.4\pi \text{rad/s}$）。将这些值代入式中，可以得到

$$\begin{aligned}
y(x,t) &= A\sin(kx + \omega t) \\
&= (3\text{m})\sin\left[(2\pi\text{rad/m})(0.6\text{m}) + (0.4\pi\text{rad/s})(3\text{s})\right] \\
&= (3\text{m})\sin(2.4\pi\text{rad}) = 2.85\text{m}
\end{aligned}$$

我们进一步分析在函数参数中加或减一个值（如 $f(x+1)$ 或 $f(x-1)$）时，函数（如 $f(x)$）会发生何种变化，这将有助于理解式（1-32）所包含的波速和波方向。图 1-19 给出了三角形脉冲函数值列表和对应的波形。

现在想象一下，如果为函数 $f(x+1)$ 创建一个类似的表和图，会发生什么？许多学生看到我们"把 1 加到 x"上，就认为这会使函数向右移动（也就是说沿着正 x 方向移动）。但是情况恰好相反，如

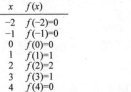
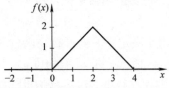

图 1-19 三角形脉冲函数 $f(x)$ 随 x 变化的波形

图 1-20 所示在函数变量中添加一个与 x 项符号相同的常数（在本例中，x 项前面有"+"符号，而常数 1 的符号也为正），将导致函数向左移动（即沿着负的 x 方向）。

可以查看图 1-20 中所列表的函数值，来了解为什么会发生此种移动。在函数的参数中将 +1 加到 x 上后，函数在较小的 x 值处就可以达到特定值。因此函数图形向左移动，而不是向右移动。

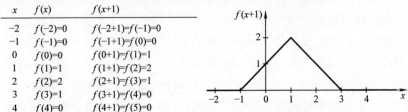

图 1-20 三角形脉冲函数 $f(x+1)$ 随 x 变化的波形

照同样逻辑，在图 1-21 中可以看到为什么函数 $f(x-1)$ 发生向右移动（正 x 方向）。

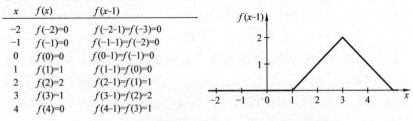

图 1-21 三角形脉冲函数 $f(x-1)$ 随 x 变化的波形

我们能否得到结论：在变量中加上一个正常数总会使函数向负 x 方向上移动吗？不是这样的。对于 $f(-x+1)$ 这样的函数，情况其实是相反的。由于 x 项的符号为负、常数 1 符号为正,因此 $f(-x+1)$ 的波形图相对于 $f(-x)$ 将沿正 x 方向移动。同理,$f(-x-1)$ 向负 x 方向移动(如果您还有困惑,请看课后习题和答案)。

这意味着不能仅通过查看参数中附加项的符号来确定函数是左移还是右移。还必须将该项的符号与 x 项的符号进行比较。如果两者符号相同,则函数沿负 x 方向移动;如果符号相反,则函数沿正 x 方向移动。

基于以上结论,可以分析以下表达式

$$y(x,t) = f(kx + \omega t) \tag{1-34}$$

该式表示在负 x 方向移动的波(因为参数中 x 项和时间项的符号相同),而进一步分析

$$y(x,t) = f(kx - \omega t) \tag{1-35}$$

该式表示沿正 x 方向移动的波(因为 x 项和时间项的符号相反)。

知道波的方向很有用,但是式(1-32)中还有更多的信息。具体地说,波上一给定点移动的速度(v)(如第 1.1 节所述,称之为波的"相速")可以直接从该式获得。

为研究相速度,有必要回想起所谓速度就是距离与行进该距离所需时间之比。已经知道波一周的距离和时间这两个量;波在一个周期(T)的时间内对应一个波长(λ)的距离。用距离除以时间得到 $v = \lambda/T$。从第 1.2 节我们还学过 $\lambda = 2\pi/k$ 和 $T = 2\pi/\omega$。将这三个表达式放在一起,可得

$$v = \frac{\lambda}{T} = \frac{2\pi/k}{2\pi/\omega} = \frac{2\pi}{k}\frac{\omega}{2\pi}$$

或
$$v = \frac{\omega}{k} \tag{1-36}$$

这个结果非常重要。如果同时知道了角频率(ω)和波数(k),就可以用 ω 除以 k,得到波的相速度。当已知如式(1-32)所示的函数时,求波速的方法就是用该函数参量的时间项(t)的系数除以位置项(x)的系数。

我们再看看上式左右两侧的量纲是否平衡。式(1-36)左右两侧代入国际单位,有

$$\left[\frac{\text{米}}{\text{秒}}\right] = \left[\frac{\text{弧度}}{\text{秒}} \times \frac{\text{米}}{\text{弧度}}\right] \tag{1-37}$$

消去相同量纲后，该式两侧量纲均为 m/s。

我们也可能遇到式（1-32）的另一种表达方式，其中波的相速度以显式表出。要了解此点，请回想起角频率（ω）等于 $2\pi f$，而 $f = v/\lambda$，因此 $\omega = 2\pi v/\lambda = kv$。式（1-32）就可以写成

$$y(x,t) = f(kx \pm \omega t)$$
$$= f(kx \pm kvt) = f[k(x \pm vt)]$$

有时也直接写成

$$y(x,t) = f(x \pm vt) \tag{1-38}$$

您可能已经注意到，式（1-38）中函数 f 的参量不再是相位，x 和 vt 都是长度单位，而不是弧度单位。这仅是因为该式目的在于表示出位移（f）对 x 和 t 的依赖，所以波数（k）这一因子没有显式表出。但总可以通过乘以波数（k），把参量中的距离（$x \pm vt$）转换成相位（以弧度为单位）。

1.7 波函数的相量表示

将复平面、欧拉关系和相量等概念结合起来，为分析波函数提供了非常强大的工具。要了解其原理，请考虑由以下波函数表示的两个波：

$$\begin{cases} y_1(x,t) = A_1\sin(k_1 x + \omega_1 t + \varepsilon_1) \\ y_2(x,t) = A_2\sin(k_2 x + \omega_2 t + \varepsilon_2) \end{cases} \tag{1-39}$$

如果这些波的振幅相等（$A_1 = A_2 = A$），并且波也具有相同波长（即具有相同的波数 $k_1 = k_2 = k$）和相同的频率（即相同的角频率 $\omega_1 = \omega_2 = \omega$），那么这些波之间唯一的区别必然基于相位常数（$\varepsilon_1$ 和 ε_2）。设 ε_1 为 0、ε_2 为 $\pi/2$，则波函数为

$$\begin{cases} y_1(x,t) = A\sin(kx + \omega t) \\ y_2(x,t) = A\sin(kx + \omega t + \pi/2) \end{cases} \tag{1-40}$$

要在二维平面绘制以上波函数，必须确定是希望看到波函数作为距离（x）的函数还是时间（t）的函数。如果选择绘制它们与距离的关系，就要先行给出函数对应的时间值。当 $t = 0$ 时，波函数形如

$$\begin{cases} y_1(x,0) = A\sin(kx) \\ y_2(x,0) = A\sin(kx + \pi/2) \end{cases} \tag{1-41}$$

其波形如图 1-22 所示。

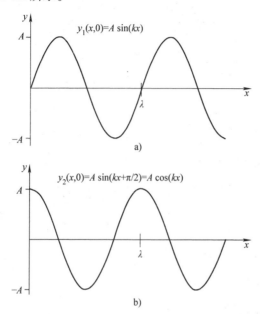

图 1-22 当 $t = 0$ 时，式（1-40）对应的函数波形

注意，因相位常数和 x 项具有相同的符号（它们的符号均为正），相位常数（$\varepsilon = \pi/2$）具有将第二个波函数（y_2）向左移动的效果。还请注意 $\pi/2$ 弧度（90°）的正相移能够将正弦函数转换为余弦函数，因为 $\cos(\theta) = \sin(\theta + \pi/2)$。

现在可以进一步考虑，把这些波绘制成时间（t）而不是距离（x）的函数会发生什么。正如绘制相对于距离的波形图时须先行确定特定的时间一样，现在必须先选择一个特定的 x 值，才能绘制此位置处相对于时间的波形。设 $x = 0$，波函数形如

$$\begin{cases} y_1(0,t) = A\sin(\omega t) \\ y_2(0,t) = A\sin(\omega t + \pi/2) \end{cases} \tag{1-42}$$

上述函数分别绘制于图 1-23。

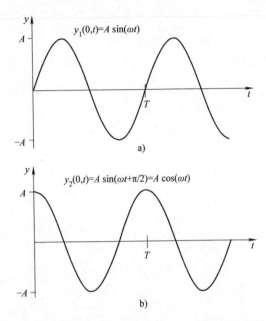

图 1-23　在 $x=0$ 处，式（1-40）对应函数的波形

通过将图 1-23 的两个波形绘制于同一张图上，会有利于进行比较，如图 1-24 所示。图中，第一个波函数（y_1）用虚线标绘，以区别于第二个波函数（y_2）。当比较时域（如图 1-24）波形时，可能会遇到诸如"y_2 超前于 y_1"或"y_1 滞后于 y_2"之类的术语。许多学生感到困惑，因为图中看起来 y_1 似乎在某种程度上"超前"于 y_2（y_1 峰值出现在 y_2 峰值右侧）。弥补这种直观逻辑的缺陷在于得记住此图向右的方向是时间增加的方向，所以 y_2 的峰值先于 y_1 峰值出现（也就是在 y_1 峰值左侧）。因此，随着时间向右侧方向增加，图中"超前"波出现在"滞后"波的左边。

相量图在分析 y_1 和 y_2 这样的波函数时非常有用。但是，因为这些波函数被写成正弦或余弦波，而本章第 1.4 节讨论的相量表示则为 e^{ix}，如何将 y_1 和 y_2 表示为相量呢？让我们来回想一下欧拉关系

$$\mathrm{e}^{\pm i\theta} = \cos\theta \pm i\sin\theta \tag{1-24}$$

如果将 $\mathrm{e}^{i\theta}$ 与 $\mathrm{e}^{-i\theta}$ 相加，可得下式：

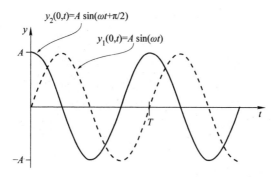

图 1-24 时域中波的超前与滞后

$$e^{i\theta} + e^{-i\theta} = (\cos\theta + i\sin\theta) + (\cos\theta - i\sin\theta)$$
$$= \cos\theta + \cos\theta + i\sin\theta - i\sin\theta = 2\cos\theta$$

或
$$\cos\theta = \frac{e^{i\theta} + e^{-i\theta}}{2} \tag{1-43}$$

这个表达式很有用。随着 θ 增加，$e^{i\theta}$ 逆时针旋转，而 $e^{-i\theta}$ 顺时针旋转，这说明余弦函数可由两个反向旋转的相量表出，如图 1-25 所示。

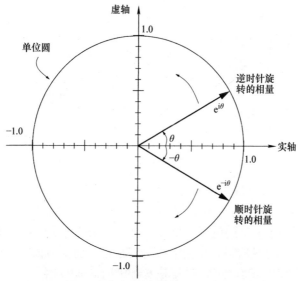

图 1-25 组成余弦函数的反向旋转的相量

为了解两反向旋转相量 $e^{i\theta}$ 与 $e^{-i\theta}$ 如何在不同 θ 处相加,请参看图 1-26。在 $\theta=0$ 时,这两个相量的指向为复平面的水平正向(实轴)方向(为清楚起见,相量 $e^{i\theta}$ 与 $e^{-i\theta}$ 都用虚线绘制,并在图 1-26 中彼此稍微分开)。这两个方向相同的相量相加,得到合成相量(记为 $e^{i\theta}+e^{-i\theta}$),也指向实轴正向,其幅值(长度)为 2(因为 $e^{i\theta}$ 与 $e^{-i\theta}$ 幅值都是 1)。因此,表达式 $(e^{i\theta}+e^{-i\theta})/2$ 的幅值为 1,这就是 $\theta=0$ 时 $\cos\theta$ 的值。

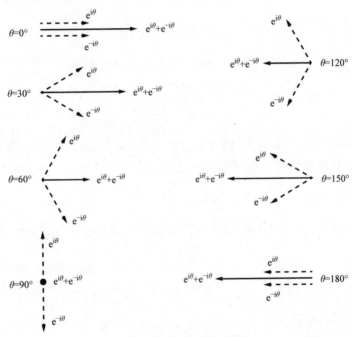

图 1-26 余弦函数的相量相加

我们进一步分析 $\theta=30°$ 时相量 $e^{i\theta}$ 与 $e^{-i\theta}$。相量 $e^{i\theta}$ 在实轴上方 30° 处,相量 $e^{-i\theta}$ 则在实轴下方 30° 处。因此,$e^{i\theta}$ 在复平面正垂直分量(虚数)抵消了 $e^{-i\theta}$ 的负垂直分量,而 $e^{i\theta}$ 的正水平分量(实数)加上 $e^{-i\theta}$ 的正水平分量所得合成相量指向实轴正方向,而幅值为 1.73。将该幅值除以 2 得出 0.866,这就是 $\theta=30°$ 时的 $\cos\theta$ 值。

将 θ 增大到 60°,$e^{i\theta}$ 与 $e^{-i\theta}$ 的垂直分量(虚数)仍相互抵消,而

水平分量（实数）相加得到合成相量的幅值较小，为 1.0，再除以 2 后得到 0.5，对应 $\theta = 60°$ 时的 $\cos\theta$ 值。

$\theta = 90°$ 时，$e^{i\theta}$ 与 $e^{-i\theta}$ 的水平分量（实数）均为零，而垂直分量（虚数）仍会抵消，因此所得 $e^{i\theta} + e^{-i\theta}$ 的值为零，即为 $\theta = 90°$ 时的 $\cos\theta$ 值。

同样的分析也适用于 90° 和 180° 之间的 θ；在这些角度范围，合成相量 $e^{i\theta} + e^{-i\theta}$ 指向实轴负向，如图 1-26 右侧部分所示。当 θ 从 180° 增加到 360°，$e^{i\theta}$ 与 $e^{-i\theta}$ 相量继续旋转，所得 $e^{i\theta} + e^{-i\theta}$ 先返回到零，然后返回到 1，正如余弦函数在这些角度的变化。

因此余弦函数可以用两个反向旋转的相量 $e^{i\theta}$ 与 $e^{-i\theta}$ 表出。在任何角度，这两个相量相加后再除以 2 就得到该角度的余弦值。我们不禁问：正弦函数也可以这样表示吗？

是的，可以。要了解其原理，我们来分析 $e^{i\theta}$ 减去 $e^{-i\theta}$ 会发生什么：

$$e^{i\theta} - e^{-i\theta} = (\cos\theta + i\sin\theta) - (\cos\theta - i\sin\theta)$$
$$= \cos\theta - \cos\theta + i\sin\theta - (-i\sin\theta) = 2i\sin\theta$$

或

$$\sin\theta = \frac{e^{i\theta} - e^{-i\theta}}{2i} \qquad (1\text{-}44)$$

这一结果表明，正弦函数也可由两个反向旋转的相量表示；随着 θ 增加，$e^{i\theta}$ 逆时针旋转，而 $-e^{-i\theta}$ 顺时针旋转，如图 1-27 所示。请注意，图中除相量 $e^{i\theta}$ 和 $e^{-i\theta}$ 外，还给出相量 $-e^{-i\theta}$。这是因为 $e^{i\theta}$ 与 $e^{-i\theta}$ 的相减等效于 $e^{i\theta}$ 与 $-e^{-i\theta}$ 相加。

图 1-28 给出了不同 θ 值处两反向旋转相量 $e^{i\theta}$ 与 $-e^{-i\theta}$ 相加的结果。$\theta = 0$ 时，两相量指向复平面的水平（实轴）方向，但相量 $-e^{-i\theta}$ 沿实轴负向，而相量 $e^{i\theta}$ 指向实轴正向。将这两个相反方向的相量相加合成出零相量，在图中用一个标记为 $e^{i\theta} + (-e^{-i\theta})$ 的点来表示。因此，表达式 $(e^{i\theta} - e^{-i\theta})/(2i)$ 的幅值为 0，对应 $\theta = 0$ 时 $\sin\theta$ 的值。

进一步分析 $\theta = 30°$ 时 $e^{i\theta}$ 与 $-e^{-i\theta}$ 相量。相量 $e^{i\theta}$ 在正实轴上方 30° 处，而相量 $-e^{-i\theta}$ 在负实轴上方 30°。因此，$e^{i\theta}$ 的正水平分量（实数）抵消了 $-e^{-i\theta}$ 的负水平分量，而 $e^{i\theta}$ 的正垂直分量（虚数）加上 $-e^{-i\theta}$

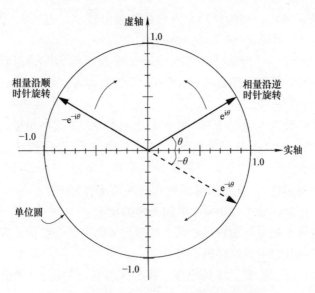

图 1-27　组成正弦函数的两个反向旋转的相量

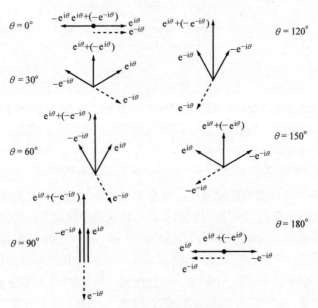

图 1-28　正弦函数的相量相加

的正垂直分量，所得合成相量沿虚轴正向、其值为 1.0i。该值除以 2i 得出 0.5，这是 $\theta = 30°$ 时 $\sin\theta$ 的值。

如果将 θ 增大到 60°，$e^{i\theta}$ 与 $-e^{-i\theta}$ 的水平分量（实数）仍会抵消，而垂直分量（虚数）相加得到较大的值 1.73i，再除以 2i 得到 0.866，对应 $\theta = 60°$ 时 $\sin\theta$ 的值。

对于 $\theta = 90°$ 而言，$e^{i\theta}$ 与 $-e^{-i\theta}$ 的垂直（虚数）分量均为 1i，而水平（实数）分量都是零，因此所得 $e^{i\theta} - e^{-i\theta}$ 的值为 2i，再除以 2i 得到 1，即 $\theta = 90°$ 的 $\sin\theta$ 值。

同样分析也适用于 90° 到 180° 之间的 θ；在这一角度范围，合成相量 $e^{i\theta} - e^{-i\theta}$ 逐渐返回到零，如图 1-28 右侧部分所示。当 θ 从 180° 增加到 360°，$e^{i\theta}$ 与 $-e^{-i\theta}$ 相量继续旋转，所得 $e^{i\theta} - e^{-i\theta}$ 合成相量指向复平面的负垂直方向（虚轴负向），进而得出正弦函数在这些角度的值。

因此，正弦函数可由两个反向旋转的相量 $e^{i\theta}$ 与 $-e^{-i\theta}$ 表出。在任一角度，两相量加和除以 2i 就可以得到该角度的正弦值。

一些文献也曾给出正弦函数简化的相量表示方法。复平面简单地由一对垂直轴表出（通常没有标示"实轴"和"虚轴"），函数值对应着长度为 A 的相量在垂直轴上的投影。相量相对于正向（右向）水平轴的角度通常标记为 ϕ，且由 $\phi = \omega t + \varepsilon$ 给出。这种相量表示法的示例如图 1-29 所示。

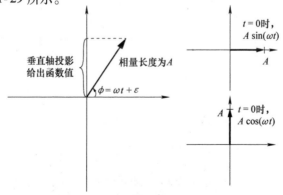

图 1-29　正弦函数的简化表示法

请注意，图中相量并没被定义为 $e^{i\phi}$，两轴也未标示，且未绘制两反向旋转相量 $e^{i\phi}$ 和 $e^{-i\phi}$。但是，对于任意角度 ϕ，垂直轴上的投影所给出的值与复相量相加方法所得结果相同。

要了解其原理，我们需要考虑正弦函数，两反向旋转相量的减法有两种效果：所得合成相量中水平（实数）分量相互抵消，而垂直（虚数）分量的值翻倍。因此，两反向旋转相量相减再除以 2i 所得结果与单个相量在垂直轴上投影完全相同。

对于余弦函数，只要记起 $\cos(\phi) = \sin(\phi + \pi/2)$，上述分析仍可适用，并在时间 $t = 0$ 时沿垂直轴绘制出表示余弦函数的相量。

使用上述简化方法，图 1-23 和图 1-24 的两个波函数（y_1 和 y_2）可用图 1-30 所示的两个相量表出。

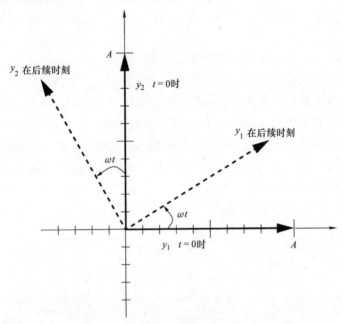

图 1-30　两个波函数 y_1 和 y_2 的简化相量表示

请注意，图中两个相量以相同的速率进行逆时针旋转（它们的 ω 相同），两者相位差保持不变（在本例中为 $\pi/2$）。如果将这两个相量相加，合成的新相量以相同的速率旋转并保持恒定的长度，但其在垂直轴上的投影随 y_1 和 y_2 的旋转而变大变小（也可以变为负值）。两个正弦波相加是后续学习波的叠加的重要概念，可在下一章第 2.3 节中学到。

另一让学生时感困惑的重要概念是"负频率"。这一困惑可能来自于我们知道频率与周期成反比，而周期总是正数。那么频率怎么可能为负呢？

频率之所以可为负值，只有在定义逆时针旋转相量为正之后才有意义（正如只有定义了正速度的方向之后，负速度才有意义）。如果逆时针旋转的角度表示为 ωt，则顺时针旋转必须对应于负角频率 $-\omega$。

因此，构成正弦和余弦函数的反向旋转相量可以看成一个正频率相量（逆时针旋转）和一个负频率相量（顺时针旋转）。这个概念虽然看起来很深奥，但在傅里叶分析中，会发现它非常有用。

1.8　习题

1.1　求下列波的频率和角频率。

（a）周期为 0.02s 的绳波；

（b）周期为 1.5ns 的电磁波；

（c）周期为 1/3ms 的声波。

1.2　求下列波的周期。

（a）频率为 500Hz 的机械波；

（b）频率为 5.09×10^{14} Hz 的光波；

（c）角频率为 0.1rad/s 的海波。

1.3　（a）波长为 2m、频率为 150MHz 的电磁波的速度是多少？

（b）如果声速是 340m/s，则频率为 9.5kHz 的声波其波长是多少？

1.4　（a）频率为 100kHz 的电磁波在固定位置处在 1.5μs 内的相位变化是多少？

（b）一个周期为 2s、速度为 15m/s 的机械波，在某一时刻、在两个相距 4m 的位置其相位差是多少?

1.5 对于矢量 $\vec{D} = -5\hat{i} - 2\hat{j}$ 和 $\vec{E} = 4\hat{j}$, 用作图法和代数法求出矢量 $\vec{F} = \vec{D} + \vec{E}$ 的幅值和方向。

1.6 验证图 1-10 中每个复数都具有图 1-12 所示的极坐标形式。

1.7 求 z 的微分方程 $dz/d\theta = iz$。

1.8 利用 $\sin\theta$、$\cos\theta$ 和 $e^{i\theta}$ 的幂级数表示, 证明 Euler 关系 $e^{i\theta} = \cos\theta + i\sin\theta$。

1.9 证明波函数 $f(-x-1)$ 相对于波函数 $f(-x)$ 沿负 x 方向移动。

1.10 求出下列各波的相速度和传播方向 (所有单位均为国际单位制)。

(a) $f(x,t) = 5\sin(3x) - t/2$;

(b) $\psi(x,t) = g - 4x - 20t$;

(c) $h(y,t) = 1/[2(2t+x)] + 10$。

第 2 章

波动方程

2

有许多方程用于描述波的行为和波参数之间的关系，可以找到被称为"波动方程"的表达式。在本章中，我们将学习波动方程最常见的形式，这是一个线性二阶齐次偏微分方程（这些词的含义在本章第 2.3 节中解释）。该方程通过波速将波函数的空间变化（基于距离）与时间变化（基于时间）联系起来，这将在第 2.2 节进行分析。第 2.4 节讨论了与波动方程有关的其他偏微分方程。

如果想了解波动方程（和所有其他偏微分方程），那么最好先确保对偏导数能有正确地理解。因此，本章第 2.1 节回顾了一阶和二阶偏导数的基本知识。当然，如果对偏导数的理解有信心，你可以跳过该节直接学习第 2.2 节。

2.1 偏导数

如果你学习过微积分或大学物理，当你学习求解直线斜率（$m = dy/dx$）或根据物体位置来确定物体速度（$v_x = dx/dt$）时，肯定会遇到导数。在所学到的数学和物理课程中，有许多函数只依赖于一个自变量，而普通导数就完全可用于分析这些函数的变化。

但是，如第 1 章第 1.6 节所述，波函数（y）通常依赖于两个或两个以上的自变量，如：$y = f(x, t)$ 依赖于距离（x）和时间（t）。与单变量函数一样，求导过程在分析多变量函数的变化时非常有用。通过将普通导数的概念推广到多变量函数，偏导数就有了用武之地。为了区分普通导数和偏导数，普通导数写成 d/dx 或 d/dt，而偏导数

写成 $\partial/\partial x$ 或 $\partial/\partial t$。

你可能已学到普通导数可用于确定一个变量相对于另一变量的变化。例如，对于函数 $y=f(x)$，y 相对于 x 的普通导数（即 $\mathrm{d}y/\mathrm{d}x$）可得出变量 x 发生微小变化时，y 值随之会发生多大变化。如图 2-1 所示 y 对应着垂直轴、x 对应水平轴，则线上任意两点（x_1，y_1）和（x_2，y_2）之间直线斜率是

$$\frac{y_2 - y_1}{x_2 - x_1} = \frac{\Delta y}{\Delta x}$$

斜率可看作斜坡面上升的陡急程度。对斜率进行求解时，若两点水平间距 Δx 而上升 Δy，则两点之间线段斜率就是 $\Delta y/\Delta x$。

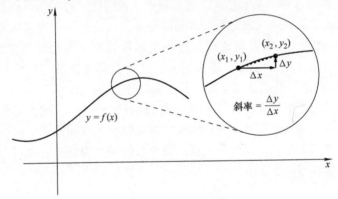

图 2-1　函数 $y=f(x)$ 上线的斜率

要精确表示曲线上某点的斜率，须缩减水平间距 Δx 到非常小。如果将此增量写为 $\mathrm{d}x$，而上升量（也是增量）写作 $\mathrm{d}y$，则线上任一点的斜率都可写成 $\mathrm{d}y/\mathrm{d}x$。因此，函数的导数与该函数曲线的斜率相等。

将上述通过微分求解函数斜率的过程推广到形如 $y=f(x, t)$ 的函数，应考虑到 y 相对于 x 和 t 呈三维图形，如图 2-2 所示。函数 $y(x, t)$ 在图中显示为一个曲面，在（x，t）平面上方的曲面其高度就是函数 y 的值。由于 y 同时依赖于 x 和 t，因此曲面高度随着 x 和 t 的变化而升降。而且，由于曲面高度 y 可能在不同方向以不同的速率变化，因此从曲面上一点移动到另一点时，单一导数通常不足以描述曲

面高度的变化。

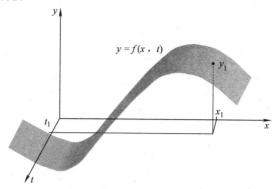

图 2-2　$y=f(x,t)$ 的三维空间表面

可发现图 2-3 的曲面沿 x 增加的方向（保持 t 值不变），曲面的斜率相当陡峭，但沿 t 增加的方向（同时保持 x 值为常数），曲面斜率则几乎为零。

图中曲面在不同方向对应不同斜率，就要用偏导数对其进行描述。偏导数允许一个自变量发生变化（如图 2-3 中的 x 或 t），而保持所有其他独立变量为常数。所以，偏导数 $\partial y/\partial x$ 表示给定位置处曲面仅沿 x 方向变化所对应的斜率，而偏导数 $\partial y/\partial t$ 表示仅沿 t 方向变化的斜率。这些偏导数有时写成 $\partial y/\partial x\big|_t$ 和 $\partial y/\partial t\big|_x$，垂线下标的变量在求偏导数时保持不变。

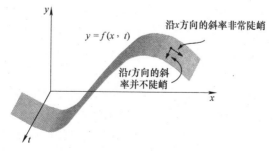

图 2-3　三维空间曲面的斜率

如果你知道如何计算普通导数，那么就可以计算偏导数了。在求

解偏导数时，除被求导的那个变量外，只需将所有其他变量当作常数处理即可，以下示例给出求偏导数的方法。

例 2.1 对于函数 $y(x, t) = 3x^2 - 5t$，求 y 对 x 和 t 的偏导数。

解：取 y 相对于 x 的偏导数时，将 t 视为常数：

$$\frac{\partial y}{\partial x} = \frac{\partial(3x^2 - 5t)}{\partial x} = \frac{\partial(3x^2)}{\partial x} - \frac{\partial(5t)}{\partial x} = 3\frac{\partial(x^2)}{\partial x} - 0 = 6x$$

求 y 相对于 t 的偏导数，将 x 视为常数：

$$\frac{\partial y}{\partial t} = \frac{\partial(3x^2 - 5t)}{\partial t} = \frac{\partial(3x^2)}{\partial t} - \frac{\partial(5t)}{\partial t} = 0 - 5\frac{\partial(t)}{\partial t} = -5$$

就像计算形如 $\frac{d}{dx}\left(\frac{dy}{dx}\right) = \frac{d^2y}{dx^2}$ 和 $\frac{d}{dt}\left(\frac{dy}{dt}\right) = \frac{d^2y}{dt^2}$ 的高阶普通导数一样，你也可以求解高阶偏导数。例如：

$$\frac{\partial}{\partial x}\left(\frac{\partial y}{\partial x}\right) = \frac{\partial^2 y}{\partial x^2}$$

给出 y 在 x 方向的斜率的变化，而

$$\frac{\partial}{\partial t}\left(\frac{dy}{dt}\right) = \frac{\partial^2 y}{\partial t^2}$$

给出 t 方向的斜率的变化。

切记，$\partial^2 y/\partial x^2$ 是导数的导数的表达式，这与 $(\partial y/\partial x)^2$ 不同；后者是一阶导数的平方。或者说，前者是斜率的变化，后者则是斜率的平方。按惯例，求导的阶次总是写在 "d" 或 "∂" 符号与函数之间，形如 d^2y 或 ∂^2y，因此在求导时一定要仔细观察上标的位置。

波函数 $y(f, t)$ 的三维图可能比图 2-2 和图 2-3 中所示的简单函数图形复杂得多。例如，请见图 2-4 所绘制的波函数 $y(x, t) = A\sin(kx - \omega t)$ 的三维图形。

此图中，波函数 y 在距离上的变化可沿正 x 轴（向右）观察得到，而 y 随时间的变化须沿正 t 轴（指向页面外部）进行观察。由于 x 项和 t 项的符号相反，因此该波沿正 x 方向传播；随着时间增加，波形将向右移动（图2-4给出了 $t=0$ 时刻及后续三个时刻的波形）。

为帮助你了解波的时间行为，标有 1~4 的黑点给出了在四个不同时刻，$x=0$ 处的波函数值［这些点均位于（y, t）平面，图2-4对

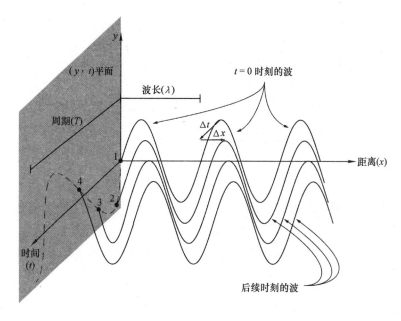

图 2-4 正弦波函数 $y(x, t) = A\sin(kx - \omega t)$ 的三维图形

该平面进行了阴影处理]。从时间 $t = 0$ 到后续时刻（沿着 t 轴），波函数呈现出负正弦波的形状。这可由函数 $y(x, t) = A\sin(kx - \omega t)$ 在 $x = 0$ 处的表达式 $A\sin(-\omega t) = -A\sin(\omega t)$ 直接推知。

本章下一节要讨论的波动方程涉及波函数的偏导数，我们在此对 $y(x, t) = A\sin(kx - \omega t)$ 求偏导数，波数 k 和角频率 ω 为常数。y 对 x 的一阶偏导数为

$$\frac{\partial y}{\partial x} = \frac{\partial \left[A\sin(kx - \omega t) \right]}{\partial x}$$

$$= A \frac{\partial \left[\sin(kx - \omega t) \right]}{\partial x} = A\cos(kx - \omega t) \frac{\partial \left[kx - \omega t \right]}{\partial x}$$

$$= A\cos(kx - \omega t) \left[\frac{\partial(kx)}{\partial x} - \frac{\partial(\omega t)}{\partial x} \right] = A\cos(kx - \omega t) \left[k \frac{\partial(x)}{\partial x} - 0 \right]$$

或
$$\frac{\partial y}{\partial x} = Ak\cos(kx - \omega t) \tag{2-1}$$

y 对 x 的二阶偏导数为

$$\frac{\partial^2 y}{\partial x^2} = \frac{\partial \left[Ak\cos\left(kx - \omega t \right) \right]}{\partial x}$$

$$= Ak \frac{\partial \left[\cos\left(kx - \omega t \right) \right]}{\partial x} = -Ak\sin\left(kx - \omega t \right)\frac{\partial \left[kx - \omega t \right]}{\partial x}$$

$$= -Ak\sin\left(kx - \omega t \right) \left[\frac{\partial \left(kx \right)}{\partial x} - \frac{\partial \left(\omega t \right)}{\partial x} \right]$$

$$= -Ak\sin\left(kx - \omega t \right) \left[k \frac{\partial x}{\partial x} - 0 \right]$$

或 $$\frac{\partial^2 y}{\partial x^2} = -Ak^2\sin\left(kx - \omega t \right) \qquad (2\text{-}2)$$

图 2-5 给出了在时间 $t = 0$ 时刻，该波函数及其相对 x 的一阶和二阶偏导数的图形。如式（2-1）和式（2-2）所述，关于 x 的一阶偏导数具有余弦函数形状，而关于 x 的二阶偏导数则呈现负正弦函数形状。

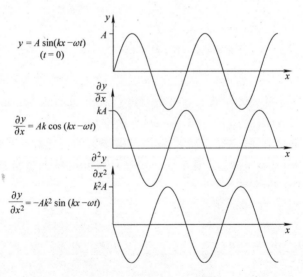

$$y = A \sin(kx - \omega t)$$
$$(t = 0)$$

$$\frac{\partial y}{\partial x} = Ak \cos\left(kx - \omega t \right)$$

$$\frac{\partial y}{\partial x^2} = -Ak^2 \sin\left(kx - \omega t \right)$$

图 2-5 谐波的空间偏导函数

如你想直观地观测 $y(x, t)$ 的一阶偏导数所呈余弦形状与该波函数斜率的关系，请参见图 2-6。函数 y 在每一 x 值处的斜率值被对应绘于 $\partial y / \partial x$ 图中。要想进一步了解 $y(x, t)$ 二阶偏导数所呈负正弦形状如何与该波函数斜率的变化相关，请参见图 2-7。当估计 y 斜率的变化时，请记住当斜率正值减小或变得更负时，斜率的变化为负值。同理，当斜率由正值增大或负值程度减小时，斜率的变化为正。

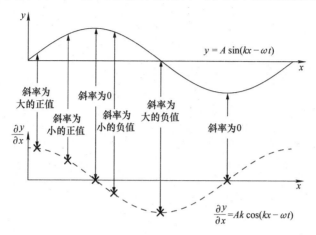

图 2-6　一阶偏导即斜率

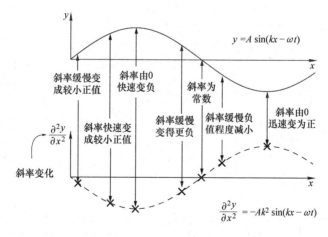

图 2-7　对应斜率变化的二阶偏导

现在看看波函数随时间的变化，y 对 t 的一阶偏导数是

$$\frac{\partial y}{\partial t} = \frac{\partial\left[A\sin(kx - \omega t)\right]}{\partial t}$$

$$= A\frac{\partial\left[\sin(kx - \omega t)\right]}{\partial t} = A\cos(kx - \omega t)\frac{\partial\left[kx - \omega t\right]}{\partial t}$$

$$= A\cos(kx - \omega t)\left[\frac{\partial(kx)}{\partial t} - \frac{\partial(\omega t)}{\partial t}\right]$$

$$= A\cos(kx - \omega t)\left[0 - \omega\frac{\partial t}{\partial t}\right]$$

或
$$\frac{\partial y}{\partial t} = -A\omega\cos(kx - \omega t) \tag{2-3}$$

y 对 t 的二阶偏导数为

$$\frac{\partial^2 y}{\partial t^2} = \frac{\partial\left[-A\omega\cos(kx - \omega t)\right]}{\partial t}$$

$$= -A\omega\frac{\partial\left[\cos(kx - \omega t)\right]}{\partial t} = A\omega\sin(kx - \omega t)\frac{\partial\left[kx - \omega t\right]}{\partial t}$$

$$= A\omega\sin(kx - \omega t)\left[\frac{\partial(kx)}{\partial t} - \frac{\partial(\omega t)}{\partial t}\right]$$

$$= A\omega\sin(kx - \omega t)\left[0 - \omega\frac{\partial t}{\partial t}\right]$$

或
$$\frac{\partial^2 y}{\partial t^2} = -A\omega^2\sin(kx - \omega t) \tag{2-4}$$

这些偏导数和本章的主题（即波动方程）有何关系呢？正如将在下一节所见，最可能遇到的波动方程（"经典波动方程"）的表达式就是基于波函数对时间（式（2-4））和距离（式（2-2））的二阶偏导数。

2.2 经典波动方程

本章导言指出，波动方程最常见的形式是线性二阶齐次偏微分方程。这通常被称为"经典"波动方程，一般如下所示：

$$\frac{\partial^2 y}{\partial x^2} = \frac{1}{v^2}\frac{\partial^2 y}{\partial t^2} \tag{2-5}$$

推导此方程有几种不同的方法。许多作者利用牛顿第二定律处理张力作用下的绳来推导波动方程，这将在第 4 章进行讨论。本书作者觉得可通过仔细思考式（2-5）的等号两边偏导数的含义，以便对波动方程进行物理理解。

如前所述，二阶偏导数涉及波函数 $y(x, t)$ 斜率的变化，这里须讨论不同情况下波函数相对距离的斜率如何与相对时间的斜率建立联系。例如，考虑波函数 $y(x, t) = A\sin(kx - \omega t)$，其表示沿正 x 方向传播的正弦波。图 2-8 的上部图形给出了时间 $t = 0$ 时波函数与距离的关系，点 1 和点 2 之间 $y(x, t)$ 的斜率为 $(\Delta y/\Delta x)$。

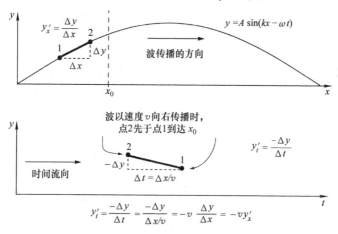

图 2-8　沿正 x 方向传播的波在空域和时域中的斜率

想象你位于 x_0 处，随时间推移，对 y 值（波产生的位移）进行测量。当波沿正 x 方向移动（即向距离曲线的右侧传播），波上点 2 将先于点 1 到达你的位置。随着波传过你的位置，如果你绘制 y 值变化，会发现 y 从点 2 的值减小到点 1 的值，如图 2-8 下部所示。因此，（在给定位置）随时间变化测得的斜率与（在给定时间）沿距离变化测得的斜率存在两个区别。第一个区别是斜率大小不同（尽管 Δy 相同，但空间图中自变量变化量是 Δx，而时域图中自变量变化量为 Δt）。第二个区别是随距离变化的斜率符号为正，而随时间变化的斜率为负。

将距离变化的斜率与时间变化的斜率进行比较似仅是学术上的练习，但这种比较将有助于导出波的方程式，其与经典波动方程（式（2-5））只有一步之遥。距离增量 Δx 与时间增量 Δt 通过波速 v 建立联系：

$$\Delta x = v\Delta t \tag{2-6}$$

Δx 和 Δt 之间此种关系意味着相对于时间的斜率（$-\Delta y/\Delta t$）可写成 $-\Delta y/(\Delta x/v) = -v\Delta y/\Delta x$。因此，通过用 $-v$ 乘以距离斜率即可获得相对于时间的斜率。当距离增量和时间增量缩小到趋于零时，Δs 转化为偏导数，斜率之间的关系就可以写成

$$\frac{\partial y}{\partial t} = -v\frac{\partial y}{\partial x}$$

或
$$\frac{\partial y}{\partial x} = -\frac{1}{v}\frac{\partial y}{\partial t} \tag{2-7}$$

此即为一阶波动方程，但其只适用于在正 x 方向移动的波。要想知道为什么受到这种局限，我们针对负 x 方向移动的波（即在图 2-9 顶部图向左侧移动），考虑其在距离和时间上的斜率。

在这种情况下，向左移动的波经过 x_0 处的观测者时，标示为点 1 的波上点先于点 2 到达观测点，因此波函数值将在该时间间隔内变大。这意味着 y 相对于时间存在正的斜率（另外，y 相对于距离的斜率也是正的）。因此，时间斜率（$\Delta y/\Delta t$）可写成 $\Delta y/(\Delta x/v) = v\Delta y/\Delta x$；对于该波，其时间斜率是距离斜率的 v 倍。再次将距离增量和时间增量缩小到趋于零，斜率之间的关系为

$$\frac{\partial y}{\partial t} = v\frac{\partial y}{\partial x}$$

或
$$\frac{\partial y}{\partial x} = \frac{1}{v}\frac{\partial y}{\partial t} \tag{2-8}$$

因此，沿负 x 方向移动的波对应的一阶波动方程（式（2-8））与正 x 方向移动的波对应的一阶波动方程（式（2-7））存在符号上的差别。不同于一阶波动方程，二阶经典波动方程的优点之一就是适用于任意方向的波。为得到该方程，不仅要考虑斜率，还要考虑波函数斜率随距离和时间发生的变化。

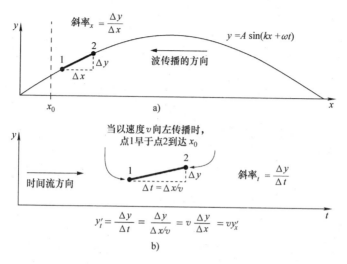

图 2-9　沿负 x 方向传播的波在空域和时域的斜率

图 2-10 给出沿正 x 方向传播的波其斜率的变化。如前所述，该波在距离上的斜率为正，而随时间的斜率为负。

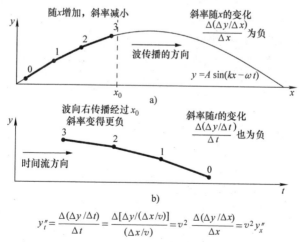

$$y''_t = \frac{\Delta(\Delta y/\Delta t)}{\Delta t} = \frac{\Delta[\Delta y/(\Delta x/v)]}{(\Delta x/v)} = v^2 \frac{\Delta(\Delta y/\Delta x)}{\Delta x} = v^2 y''_x$$

图 2-10　沿正 x 方向传播的波的斜率变化

现在进一步分析斜率相对距离和时间发生的变化。随 x 增加，波函数的斜率尽管为正值，但逐渐减小，所以斜率的变化是负的。当波经过位于 x_0 处的观测者时，波函数随时间的斜率是负的，且在此时间间隔内该斜率变得更负；当斜率变得更负时，斜率的变化自然也为负值。因此，虽然相对于距离的斜率与相对时间的斜率具有相反的符号，但是斜率随时间的变化和随距离的变化均为负。在这种情况下，基于式（2-6）将距离增量和时间增量关联起来，得到两个 v 因子（一个与斜率有关，另一个来自于斜率的变化）。再次将距离增量和时间增量缩小到趋于零，就可得到经典波动方程：

$$\frac{\partial^2 y}{\partial x^2} = \frac{1}{v^2}\frac{\partial^2 y}{\partial t^2} \tag{2-5}$$

可进一步问：这一方程也适用于反向传播（也就是说，沿负 x 方向）的波吗？为证明此点，考虑图 2-11 所示波形关于距离的斜率和关于时间的斜率发生的变化。如前所述，这种情况相对于距离的斜率和相对于时间的斜率均为正，但两种斜率随距离和时间的增加而正值减小，可知两种斜率发生了负的变化。因此，斜率随距离的变化（y''_x）和斜率随时间的变化（y''_t）由相同的因子（正 v^2）关联在一起，与斜率变化相关的方程仍为式（2-5）。

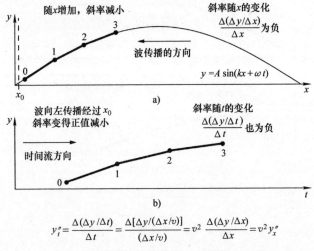

$$y''_t = \frac{\Delta(\Delta y/\Delta t)}{\Delta t} = \frac{\Delta[\Delta y/(\Delta x/v)]}{(\Delta x/v)} = v^2\frac{\Delta(\Delta y/\Delta x)}{\Delta x} = v^2 y''_x$$

图 2-11 沿负 x 方向传播的波的斜率变化

因此，一阶波动方程仅适用于沿一个方向传播的波，而二阶波动方程对于在正 x 方向或负 x 方向传播的波均具有相同的表达式。尽管我们用正弦波证明这一结论，但其具有普适性，适用于任何轮廓的波。

如果不能顺利掌握上述为推导波动方程而进行的几何分析，那么通过对形如 $y(x, t) = A\sin(kx - \omega t)$ 的波函数进行求导，也是可得出正弦波的一阶和二阶波动方程的一个简单直接的方法。

$$\frac{\partial y}{\partial x} = Ak\cos(kx - \omega t) \tag{2-1}$$

$$\frac{\partial^2 y}{\partial x^2} = -Ak^2\sin(kx - \omega t) \tag{2-2}$$

$$\frac{\partial y}{\partial t} = -A\omega\cos(kx - \omega t) \tag{2-3}$$

$$\frac{\partial^2 y}{\partial t^2} = -A\omega^2\sin(kx - \omega t) \tag{2-4}$$

为得到一阶波动方程，对式（2-3）进行变形，可得

$$A\cos(kx - \omega t) = -\frac{1}{\omega}\frac{\partial y}{\partial t}$$

将上式代入式（2-1），有

$$\frac{\partial y}{\partial x} = Ak\cos(kx - \omega t) = -\frac{k}{\omega}\frac{\partial y}{\partial t}$$

基于 $v = \omega/k$ 这一关系式（式（1-36）），可以得出

$$\frac{\partial y}{\partial x} = -\frac{1}{v}\frac{\partial y}{\partial t}$$

上式与式（2-7）相同，而式（2-7）正是波沿正 x 方向传播的一阶波动方程。如果从波函数 $y(x, t) = A\sin(kx + \omega t)$ 开始进行推导，也会得到负 x 方向传播的波的一阶波动方程（式（2-8））。

对二阶方程（式（2-2）和式（2-4））进行类似分析，可以得到二阶经典波动方程。第一步是整理式（2-4）以得到：

$$A\sin(kx - \omega t) = -\frac{1}{\omega^2}\frac{\partial^2 y}{\partial t^2}$$

然后将其代入式（2-2），得到：

$$\frac{\partial^2 y}{\partial x^2} = -Ak^2 \sin(kx - \omega t) = \frac{k^2}{\omega^2}\frac{\partial^2 y}{\partial t^2}$$

再次使用关系式 $v = \omega/k$（式（1-36）），得出

$$\frac{\partial^2 y}{\partial x^2} = \frac{1}{v^2}\frac{\partial^2 y}{\partial t^2}$$

这就是经典的二阶波动方程（式（2-5））。如果对波函数 $y(x, t) = A\sin(kx + \omega t)$ 进行推导，我们也会得到相同的结果。

尽管进行上述推导时用的是谐波（正弦）函数，但其结论同样适用于一般的波函数 $f(kx - \omega t)$ 和 $f(kx + \omega t)$。

在讨论波动方程性质之前，请注意，有可能会遇到不同于本节波动方程的其他形式。在式（2-2）代入 $y = A\sin(kx - \omega t)$，得出波动方程的一种常见形式：

$$\frac{\partial^2 y}{\partial x^2} = -Ak^2 \sin(kx - \omega t) = -k^2 y \qquad (2\text{-}9)$$

用同样方法，式（2-4）也可以写成

$$\frac{\partial^2 y}{\partial t^2} = -A\omega^2 \sin(kx - \omega t) = -\omega^2 y \qquad (2\text{-}10)$$

也可能会遇到"点"和"双点"表示法，也就是关于时间的一阶导数由变量上方加一个点表示，形如 $dx/dt = \dot{x}$ 和 $\partial y/\partial t = \dot{y}$，而与时间有关的二阶导数由变量上方加两点进行表示，如 $\partial^2 y/\partial t^2 = \ddot{y}$。用这种表示法，式（2-10）变为

$$\ddot{y} = -\omega^2 y$$

经典波动方程就可以写成：

$$\frac{\partial^2 y}{\partial x^2} = \frac{1}{v^2}\ddot{y}$$

求导的另一种常用表示法是用下标来表示求导对应的变量。例如，y 相对于 x 的一阶偏导数可以写成

$$\frac{\partial y}{\partial x} \equiv y_x$$

式中符号"$\equiv$"意为"定义为"。使用这个符号，关于 t 的二阶偏导数可以写成

$$\frac{\partial^2 y}{\partial t^2} \equiv y_{tt}$$

所以经典的波动方程就可以写成：

$$y_{xx} = \frac{1}{v^2} y_{tt}$$

经典波动方程可以通过在其他方向增加对应的偏导数而扩展到更高维度。例如，对于空间三维波函数 Ψ（x，y，z，t），其经典波方程为

$$\frac{\partial^2 \Psi}{\partial x^2} + \frac{\partial^2 \Psi}{\partial y^2} + \frac{\partial^2 \Psi}{\partial z^2} = \frac{1}{v^2}\frac{\partial^2 \Psi}{\partial t^2} \tag{2-11}$$

可以将上式写成如下形式：

$$\nabla^2 \Psi = \frac{1}{v^2}\frac{\partial^2 \Psi}{\partial t^2} \tag{2-12}$$

式中符号 ∇^2 为拉普拉斯算子，在第 5 章将学到对应知识。

不管遇到哪种形式的波动方程，你都要记住，波函数相对于距离的斜率的变化量等于波函数相对于时间的斜率的变化量乘以 $1/v^2$。

2.3 波动方程的性质

当遇到经典波动方程时，一般会伴随着"线性、齐次、二阶偏微分方程"这些词。还可能看到"双曲"这个词。每一名词都有非常具体的数学意义，对应着经典波动方程的重要性质。由于某些形式的波动方程并不都用到这些词，因此花点时间来理解这些名词是有用的。

经典波动方程的"线性"特性也许是最重要的，但对线性及其含义的讨论比对其他特性的讨论要长得多。这些名词中"偏导"的讨论最短，这里就从此处开始，最后再讨论何为线性。

偏导：经典波动方程是偏微分方程（PDE），该方程依赖于波函数的多个不同变量（如 x 和 t）的变化。与偏微分方程相对应的是常微分方程（ODE），其只依赖于单个变量的变化。牛顿第二定律就是后者的例子，该定律指出物体的加速度（即物的位置相对于时间的二阶导数）等于物体上的合外力（$\sum F_{\text{ext}}$）除以物体的质量（m）。其一维表达式为

$$\frac{\mathrm{d}^2 x}{\mathrm{d}t^2} = \frac{\sum F_{\text{ext}}}{m} \tag{2-13}$$

如本章第 2.1 节所述，可以通过符号 ∂（如 $\partial/\partial t$）而不是字母 d（如 d/dt）来识别出偏微分方程。常微分方程通常比偏微分方程更容易求解，因此求解某些特定类型偏微分方程的方法就是将其转化为常微分方程。可以在本章第 2.4 节学习到相关知识。

齐次：经典波动方程是齐次的，因其只包含因变量（这里指的是位移 y）或因变量导数的项（如 $\partial y/\partial x$ 或 $\partial^2 y/\partial t^2$）。从数学上来说，这意味着经典齐次波动方程看起来形如：

$$\frac{\partial^2 y}{\partial x^2} - \frac{1}{v^2}\frac{\partial^2 y}{\partial t^2} = 0 \tag{2-14}$$

非齐次的情况与之相反，形如：

$$\frac{\partial^2 y}{\partial x^2} - \frac{1}{v^2}\frac{\partial^2 y}{\partial t^2} = F(x,t) \tag{2-15}$$

其中，$F(x,t)$ 表示自变量 x 和 t 的某个函数（但不是 y）。

要确定一个微分方程是否齐次，只需将所有涉及因变量 $y(x,t)$ 的项（包括求导项）集中于方程等号左侧，在等号右侧写上所有不涉及 $y(x,t)$ 的项。如果右侧没有项（形如式（2-14）等号右侧是 0），则该微分方程是齐次的。但如等号右侧出现任何一项［如式（2-15）的 $F(x,t)$，出现不涉及因变量 y 的任何其他项］，都会导致方程"非齐次"。

不能仅通过检查微分方程是否等于零来判断齐次性，毕竟，总是可以将所有的项（不管是否包含因变量）移到方程等号左侧，而在右侧留下零。对方程齐次性进行判断时，须对每一项进行分析，并将那些与因变量 $y(x,t)$ 无关的项移到方程右侧。

在非齐次微分方程中，与因变量无关的函数 $F(x,t)$ 有什么含义呢？这依赖于不同的应用场合，你可能会发现其被称为"源"或"外力"，这都是理解其含义的好线索。这种不涉及因变量的函数总是代表某种外部作用。以式（2-13）为例，所有关于位置 x 及其导数的项置于方程左侧，方程右侧仍存在一项 $\sum F_{\text{ext}}/m$，因此牛顿第二定律是非齐次的。该方程中 $F(x,t) = \sum F_{\text{ext}}/m$ 的物理意义是物体所受合外力除以物的质量，这意味着该函数应具有力除以质量的量纲，国际单位为 N/kg。当然，即使函数并无力的量纲，也会发现很多文献将这类函数 $F(x,t)$ 直接称为"外力"。无论称谓如何，其都代表着外部作用的贡献。

二阶：微分方程的阶由方程最高阶导数决定，因此经典波动方程是二阶偏微分方程（该方程的时间和空间导数都是二阶导数）。即使一个方程在空间上是二阶导数而在时间上只有一阶求导，方程仍被认为是二阶方程。本章第 2.4 节中将给出一个这样的例子（热方程）。

二阶偏微分方程在物理和工程领域非常常见，这可能是因为一个量的变化发生的变化在某种程度上比一阶导数更加本质，或者说与我们所测量的现象更密切相关。例如，在牛顿第二定律中，与合外力相关的不是物体位置的变化（即速度），而是物体速度的变化（加速度），而加速度是位置的二阶导数。同样，在经典波动方程中，波形斜率随距离的变化与斜率随时间的变化有关，斜率的变化就对应二阶导数。

双曲：正如本节开头所述，对微分方程进行分类时，经典波动方程可以被称为"双曲型"微分方程。几何课学过双曲线是圆锥曲线的一种（还有椭圆和抛物线），它可用简单方程表出。经典波动方程的表达式与双曲线方程很类似：

$$\frac{y^2}{a^2} - \frac{x^2}{b^2} = 1 \qquad (2\text{-}16)$$

常数 a 和 b 决定了双曲线的"平坦度"。

将上式与经典波动方程（式（2-5））进行比较，首先将经典波动方程的两项都置于方程左侧：

$$\frac{\partial^2 y}{\partial x^2} - \frac{1}{v^2}\frac{\partial^2 y}{\partial t^2} = 0 \qquad (2\text{-}17)$$

式（2-16）看起来与经典波动方程并不太像。但类比这两个方程：二阶求导项 $\partial^2 y/\partial x^2$ 的位置与代数二次项 $(y/a)^2$ 相同，而二阶求导项 $(1/v^2)(\partial^2 y/\partial t^2)$ 出现在与代数二次项 $(x/b)^2$ 相同的位置。切记，二阶偏导数不是一阶偏导数的平方；在微分方程中，"二阶"是指

"取二阶导数",代数方程中的"二阶"指"平方或两个一次变量的乘积"。在此基础上,才可以说经典波动方程和双曲线方程都包含了两个二阶项之差。因此,正是波动方程中的二阶求导项及两项之间的负号,使得波动方程称为"双曲型"。

有可能会担心双曲线方程右边是 1,而经典波动方程右边则是 0。但如果考虑:

$$\frac{y^2}{a^2} - \frac{x^2}{b^2} = 0 \tag{2-18}$$

就会发现上式方程的解是在原点相交的两条直线,这是双曲线的特例。因此,即使是齐次波动方程,它也是"双曲型"的。在第 2.4 节中,还有一些有用的微分方程存在一阶时间导数和二阶空间导数,这些方程被称为"抛物线型"的。

线性:因波动方程中涉及波函数 $y(x, t)$ 的项及 $y(x, t)$ 的导数项均为一次方项,且不存在波函数及其导数的交叉相乘项,故经典波动方程是线性的。$\partial^2 y / \partial x^2$ 表示的是 y 关于 x 的斜率的变化(如第 2.1 节所述),这与 $(\partial y / \partial x)^2$ 并不相同,所以线性微分方程可以包含二阶(和高阶)求导项。如果微分方程包含波函数及其导数的高次项或交叉项,则该微分方程称为非线性。

所有线性微分方程(包括经典波动方程)的一个重要的特性是方程的解服从"叠加原理"。这个原理描述了当两个或两个以上的波同时处于同一空间时会发生的现象。波的行为与粒子的行为有显著差别。粒子同时进入同一空间会发生碰撞,通常会对粒子的运动或形状造成改变,但每个粒子仍倾向于保持其独立性。反之,两个线性的波同时占据同一个空间位置时,两波从平衡点的位移结合起来产生了一个新的波,该波也满足波动方程。尽管这种相互作用中只有合成的波才能被观察到,但原来的波并未被毁掉。若这些波传播出叠加区域,每一个波原来的特性就可再次被观察到。因此,与粒子等固体物体不同,波可彼此"穿过"而非碰撞,在相互"重叠"时产生了新的波(第 6 章中深入比较了粒子和波的特性)。

叠加原理可以解释为何会发生上述现象。从数学上讲,叠加原理

认为如果两波函数 $y_1(x,t)$ 和 $y_2(x,t)$ 均为线性波动方程的解，则两者在空间和时间每一点之和 $y_{total}(x,t)=y_1(x,t)+y_2(x,t)$ 也是方程的解。对于两个以同样速度 v 传输的波，基于每一个波的波动方程，证明如下：

$$\begin{cases} \dfrac{\partial^2 y_1(x,t)}{\partial x^2} - \dfrac{1}{v^2}\dfrac{\partial^2 y_1(x,t)}{\partial t^2} = 0 \\ \dfrac{\partial^2 y_2(x,t)}{\partial x^2} - \dfrac{1}{v^2}\dfrac{\partial^2 y_2(x,t)}{\partial t^2} = 0 \end{cases} \tag{2-19}$$

两式相加，可得：

$$\frac{\partial^2 y_1(x,t)}{\partial x^2} + \frac{\partial^2 y_2(x,t)}{\partial x^2} - \frac{1}{v^2}\frac{\partial^2 y_1(x,t)}{\partial t^2} - \frac{1}{v^2}\frac{\partial^2 y_2(x,t)}{\partial t^2} = 0$$

进一步化简为

$$\frac{\partial^2[y_1(x,t)+y_2(x,t)]}{\partial x^2} - \frac{1}{v^2}\frac{\partial^2[y_1(x,t)+y_2(x,t)]}{\partial t^2} = 0$$

代入 $y_{total}(x,t)=y_1(x,t)+y_2(x,t)$，则

$$\frac{\partial^2 y_{total}(x,t)}{\partial x^2} - \frac{1}{v^2}\frac{\partial^2 y_{total}(x,t)}{\partial t^2} = 0 \tag{2-20}$$

因此，两个（或更多个）满足波动方程的波经叠加后，形成了另一同样满足波动方程的波。可能会进一步问，各波以不同的速度传播时，叠加原理是否有效呢？答案是仍有效，这将在第 3 章第 3.4 节涉及。下面的例子给出了叠加原理的应用。

例 2.2　考虑具有以下波函数的两个正弦波：

$$y_1(x,t)=A_1\sin(k_1 x+\omega_1 t+\varepsilon_1)$$
$$y_2(x,t)=A_2\sin(k_2 x+\omega_2 t+\varepsilon_2)$$

设两波的振幅相同 $A_1=A_2=A=1$，波数相同 $k_1=k_2=k=1\,\text{rad/m}$，角频率也相同 $\omega_1=\omega_2=\omega=2\,\text{rad/s}$，但第一个波 $y_1(x,t)$ 的相位常数为 $\varepsilon_1=0$，第二个波 $y_2(x,t)$ 的相位常数为 $\varepsilon_2=+\pi/3$，请确定这两个波叠加所产生波的特性。

解：这两个波距离项和时间项的符号相同，可知两波都沿负 x 方向传播，进一步根据波相速公式 $v=\omega/k$（见式（1-36）），可知两波速度也相

同。通过比较两个波的相位常数，还可发现 $y_2(x, t)$ 以相位差为 π/3 超前于 $y_1(x, t)$（如果你忘记了为何更大的正相位常数对应超前的波，请回顾第一章第1.6节）。代入例中各值，两个波函数可写成

$$\begin{cases} y_1(x,t) = A_1 \sin(k_1 x + \omega_1 t + \varepsilon_1) = \sin(x + 2t + 0) \\ y_2(x,t) = A_2 \sin(k_2 x + \omega_2 t + \varepsilon_2) = \sin(x + 2t + \pi/3) \end{cases} \quad (2\text{-}21)$$

当 $x = 0$ 时，两波波形如图 2-12 所示。

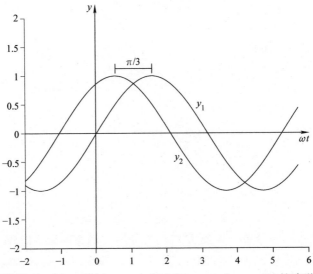

图 2-12　在 $x = 0$ 处，$y_1 = \sin(\omega t)$ 与 $y_2 = \sin(\omega t + \pi/3)$ 的波形

要了解这两个波如何相加而产生新波的，请见图 2-13。两波的图形经叠加后形成了另一个正弦波，图中用虚线绘制了该叠加所得波形。合成的波其频率与两原始波相同，但具有不同的相位常数和较大的振幅。

我们也可以通过代数运算得出与图 2-13 一样的合成波表达式：

$$y_{\text{total}}(x,t) = \sin(x + 2t) + \sin(x + 2t + \pi/3) \quad (2\text{-}22)$$

利用曾学过的一个的三角恒等式：

$$\sin\theta_1 + \sin\theta_2 = 2\sin\left(\frac{\theta_1 + \theta_2}{2}\right)\cos\left(\frac{\theta_1 - \theta_2}{2}\right) \quad (2\text{-}23)$$

令 $\theta_1 = x + 2t$、$\theta_2 = x + 2t + \pi/3$，则

$$y_{\text{total}}(x,t) = 2\sin\left(\frac{2(x+2t)+\pi/3}{2}\right)\cos\left(\frac{-\pi/3}{2}\right) \quad (2\text{-}24)$$

上式正弦项简化为 $\sin(x+2t+\pi/6)$，这是波数 $k=1\text{rad/m}$、角频率 $\omega=2\text{rad/s}$ 的波（与原来两个波的波长和频率相同），但相位常数 $\varepsilon=\pi/6$（该相位常数是原来两波形零相位和 $\pi/3$ 相位的平均值）。至于振幅，式（2-24）的其余部分给出 $A=2\cos(-\pi/6)\approx1.73$。所以合成波的振幅大于原来两波的振幅 $A=1$，但并不是原振幅的两倍（这很好理解，因原来的两个波不会同时达到峰值）。

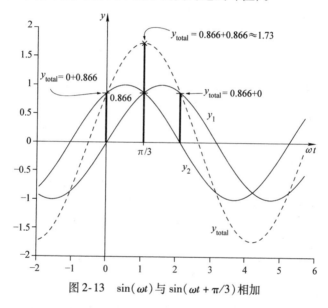

图 2-13 $\sin(\omega t)$ 与 $\sin(\omega t+\pi/3)$ 相加

分析波叠加过程的另一个非常有效的方法是使用相量。使用第 1.7 节中相量简化表示法，上例中每个波可用旋转相量表示，在时间 $t=0$、位置 $x=0$ 时，两相量如图 2-14 所示。该简化方法中，波函数在任何时候的值均由旋转相量在垂直轴上的投影给出，因此在所示瞬间，$y_1(x,t)$ 和 $y_2(x,t)$ 的值由下式给出：

$$y_1(0,0)=A_1\sin(k_1x+\omega_1t+\varepsilon_1)=(1)\sin[(1)(0)+(2)(0)+0]=0$$
$$y_2(0,0)=A_2\sin(k_2x+\omega_2t+\varepsilon_2)=(1)\sin[(1)(0)+(2)(0)+\pi/3]=0.866$$

当两相量相加时，相量法分析波叠加过程的便利性就会显而易

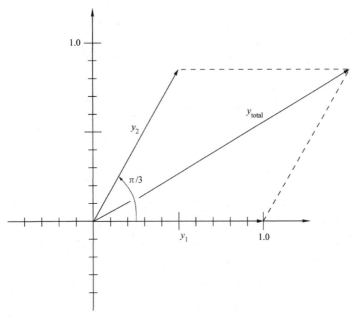

图 2-14　波的相量叠加

见。要找到 $y_1(x, t)$ 和 $y_2(x, t)$ 两波的合成相量幅值和方向，只需
将代表波的两相量进行矢量相加操作。第 1 章第 1.3 节给出了矢量相
加的方法。图 2-14 给出"平行四边形"法则的图示。稍微看一下所
合成的 y_{total} 相量，就会发现它的幅值几乎是 y_1 和 y_2 的两倍，并且合
成相量的相位常数介于 y_1 的零相位常数和 y_2 的 $\pi/3$ 相位常数之间。
用尺规测量，得出 y_{total} 的长度是 1.73，相位常数则是 $\pi/6$，且 y_{total} 相
量在垂直轴上的投影值为 0.866。这些结果与前述代数加法结果一致。

　　如你喜欢用"分量相加"方法来计算合成相量 y_{total}，则可以基于
图 2-14 的几何图形得到 y_1 的 x 分量为 1、y 分量为 0，而 y_2 的 x 分量
为 $1\cos(\pi/3) = 0.5$、y 分量为 $1\sin(\pi/3) = 0.866$。将 y_1 和 y_2 的 x 分
量相加得到 y_{total} 的 x 分量为 1.5，将 y_1 和 y_2 的 y 分量相加则得到 y_{total}
的 y 分量为 0.866。因此，y_{total} 的幅值和相角为

$$A_{total} = \sqrt{(1.5^2 + 0.866^2)} = 1.73 \qquad (2\text{-}25)$$

$$\varepsilon_{total} = \arctan\left(\frac{0.866}{1.5}\right) = \pi/6 \qquad (2\text{-}26)$$

进一步算出 y_{total} 相量在垂直轴上投影长度为 $1.73\sin(\pi/6)=0.866$，这一结果与 y_{total}（0，0）值一致。

　　由上可见，因相量方法的应用，波的叠加变得简单。但你可能会担心，以上叠加过程的前提是设定了特定时间（$t=0$）。由于 y_1 和 y_2 两个相量以相同速率 ωt 旋转（因波具有相同的角频率），两相量之间角度将保持不变。这意味着随时间的增长，合成相量 y_{total} 的幅度不随时间而变，但其在垂直轴上的投影会发生变化，如图 2-15 所示。

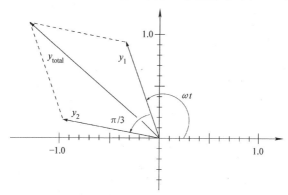

图 2-15　在后续时刻进行的波相量加法

本节所讨论的经典波动方程所有特征总结在图 2-16 中。

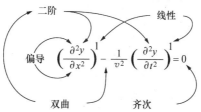

图 2-16　波动方程及其特征

2.4　与波动方程相关的偏微分方程

　　经典波动方程是二阶线性双曲型方程。除经典波动方程外，还有一些与空间和时间的运动有关的偏微分方程，这些方程的特性有些与经典波动方程相同，而有些则与经典波动方程有差异之处。本节对几个这样的方程进行简单讨论，其所涉及的概念和方法有助于理解如何求解波动方程。

对流方程：与经典二阶波动方程不同，对流方程是一阶波动方程。事实上，曾在第 2.2 节中出现过该方程，这是一个单向波方程：

$$\frac{\partial y(x,t)}{\partial x} = -\frac{1}{v}\frac{\partial y(x,t)}{\partial t} \tag{2-27}$$

单向波动方程有什么用呢？"对流"是一种传输机制（即物质或能量从一地传输到另一地的方式），适用于描述物质在流体中的运动特性。例如，若河流中有污染物或气流中有花粉，则对流方程可以比经典波动方程更适于这种情况。

Korteweg–de Vries 方程（KdV 方程）：并非所有的波动方程都是线性的；KdV 方程是一种著名的非线性波动方程，适用于描述小振幅、浅且受限的水波，称之为"孤立波"或"孤子"。孤子看起来像一个脉冲波，在传播过程中其形状保持不变。KdV 方程的形式如下：

$$\frac{\partial y(x,t)}{\partial t} - 6y(x,t)\frac{\partial y(x,t)}{\partial x} + \frac{\partial y^3(x,t)}{\partial x^3} = 0 \tag{2-28}$$

上式中间项 $6y(\partial y/\partial x)$ 即为非线性项，该项中包含两个涉及 $y(x,t)$ 的不同项的乘积。既然这是一个非线性方程，其解就不再遵循叠加原理：在相互作用中，合成的总振幅不再是原振幅之和。然而，一旦孤子相互穿过，这种孤子就会恢复原形状。

热方程：经典波动方程是双曲型的，而热方程则是抛物线型的，其形如 $y = ax^2$。换句话说，热方程在空间上仍然是二阶的（因此该方程是二阶偏微分方程），但在时间上其是一阶的：

$$\frac{\partial y(x,t)}{\partial t} = a\frac{\partial^2 y(x,t)}{\partial x^2} \tag{2-29}$$

式中，a 是热扩散率，表示热在系统中传递的难易程度。热方程描述了扰动在时间和空间上的特性，但该方程的解是耗散的而不是振荡的，因此你可能会发现热方程通常不被归类为波动方程。尽管如此，由于波包也会随时间而耗散，因此波动方程和热方程的性质有一定的共通之处。

下一步，看看热方程的解如何随时间耗散。通过普通的"分离变量"方法，来分析热方程的解中与时间有关的部分。该方法假设尽管解 $y(x, t)$ 依赖于空间和时间，但时间行为 $T(t)$ 与空间行为 $X(x)$ 无关。即，波函数 $y(x, t)$ 可写成仅与时间有关的项 $T(t)$ 与仅依赖于空间的另一项 $X(x)$ 的乘积：

$$y(x,t) = T(t)X(x) \tag{2-30}$$

$y(x, t)$ 有没有可能是其他形式呢？如 $y(x, t) = T(t) + X(x)$？答案为式（2-30）适用于许多实际物理情况。因此，确定波函数随时间演化的问题就归结为寻找与时间相关项 $T(t)$ 的表达式。

将式（2-30）代入热方程：

$$\frac{\partial\left[T(t)X(x)\right]}{\partial t} = a\,\frac{\partial^2\left[T(t)X(x)\right]}{\partial x^2} \tag{2-31}$$

因 $X(x)$ 与时间无关，故其不受 $\partial/\partial t$ 的影响，且可将其提到时间导数外边；同理，$T(t)$ 独立于空间，不受 $\partial/\partial x$ 的影响。在上式两侧分别提出的无关项，得到

$$X(x)\frac{\partial T(t)}{\partial t} = aT(t)\frac{\partial^2 X(x)}{\partial x^2} \tag{2-32}$$

下一步要分离变量，让方程一侧仅包含与 t 有关的所有函数及其导数，另一侧则仅与 x 有关。对于本例，需要用 $X(x)$ 和 $T(t)$ 除以方程两侧即可。事实上，很多人分离变量时直接将方程除以 $y(x, t) = T(t)X(x)$。

热方程现在变形为

$$\frac{1}{T(t)}\frac{\partial T(t)}{\partial t} = a\,\frac{1}{X(x)}\frac{\partial^2 X(x)}{\partial x^2} \tag{2-33}$$

这个表达式看起来好像并没有什么特别用处。那么退一步，分析一下方程左右两侧。方程左侧仅取决于时间（t），而不随位置（x）变化。右侧仅取决于位置，而与时间无关。为让上式在任一时刻、任一位置均成立，就要求两侧的值都不能发生变化（否则，对于一个固定位置，方程左侧项的值随着时间推移而改变，但右侧项却不会发生变化）。所以方程左右两侧都必须是常数。由于两侧相等，因此左右两侧必须等于相同的常数。如果令这个常数为 $-b$，则式（2-33）变

成:

$$\frac{1}{T(t)}\frac{\mathrm{d}T(t)}{\mathrm{d}t} = -b \qquad (2\text{-}34)$$

这是一个常微分方程,通过分离变量将 T 和 t 的项分离到方程两侧。为简单计算,将 $T(t)$ 写成 T,并对左右两边乘以 $\mathrm{d}t$,可以得到:

$$\frac{1}{T}\mathrm{d}T = -b\mathrm{d}t$$

进一步积分,可得

$$\int \frac{\mathrm{d}T}{T} = \int -b\mathrm{d}t$$

或

$$\ln T = -bt + c$$

其中,c 是方程两侧的合并积分常数。为求解 $T(t)$,根据 $\mathrm{e}^{\ln T} = T$ 这一关系式,通过求指数来对自然对数 $\ln$ 项进行反函数运算,可得:

$$T(t) = \mathrm{e}^{-bt+c} = \mathrm{e}^{-bt}\mathrm{e}^{c} = A\mathrm{e}^{-bt} \qquad (2\text{-}35)$$

上式中,常数项 e^{c} 被吸收到 A 中,而最后一项(e^{-bt})导致该解发生耗散:无论热方程的解有何种空间特性,热方程的解都会以 e^{-bt} 的趋势呈指数衰减,衰减速率由常数 b 决定。

薛定谔方程(The Schrödinger equation):与其说薛定谔方程像经典波动方程,不如说其更形似热方程。我们将在第 6 章将学到该方程的解具有波的特性。与热方程一样,薛定谔方程对时间取一阶导数,对位置取二阶导数。然而,该方程在时间导数旁附加了一个因子 i,这个因子对解的特征有很大的影响。薛定谔方程的形式为

$$\mathrm{i}\hbar\frac{\partial y(x,t)}{\partial t} = -\frac{\hbar^2}{2m}\frac{\partial^2 y(x,t)}{\partial x^2} + Vy(x,t) \qquad (2\text{-}36)$$

方程中,V 是系统的势能,$\hbar$ 是约化普朗克常数(见第 6 章)。

用求解热方程同样的方法,薛定谔方程解的时间特性也可通过变量分离得到。假设方程解形如式(2-30),则薛定谔方程变为

$$\mathrm{i}\hbar\frac{\partial T(t)X(x)}{\partial t} = -\frac{\hbar^2}{2m}\frac{\partial^2 T(t)X(x)}{\partial x^2} + VT(t)X(x) \qquad (2\text{-}37)$$

从空间导数项中提出 $T(t)$,从时间导数项中提出 $X(x)$,然后方

程两侧同除以 $T(t)X(x)$，得到

$$\frac{\mathrm{i}\hbar}{T(t)}\frac{\partial T(t)}{\partial t} = -\frac{\hbar^2}{2mX(x)}\frac{\partial^2 X(x)}{\partial x^2} + V \qquad (2\text{-}38)$$

基于同样推理，由上式推知一个仅与时间有关的方程：

$$\frac{\mathrm{i}\hbar}{T(t)}\frac{\mathrm{d}T(t)}{\mathrm{d}t} = E \qquad (2\text{-}39)$$

式中常数 E 是态能量。对这个常微分方程重新整理，得到常微分方程：

$$\frac{\mathrm{d}T}{\partial t} = -\frac{\mathrm{i}E}{\hbar}\mathrm{d}t$$

现在对方程两侧积分，得到：

$$\ln T = -\frac{\mathrm{i}Et}{\hbar} + c$$

求出 $T(t)$：

$$T(t) = Ae^{-\mathrm{i}Et/\hbar} \qquad (2\text{-}40)$$

与衰减指数函数 e^{-x} 不同，第 1 章第 1.5 节已经学过 $e^{\mathrm{i}x}$ 的实部和虚部具有振荡特性。因此薛定谔方程的解与热方程的解非常不同。

2.5 习题

2.1 求函数 $f(x, t) = 3x^2t^2 + \frac{1}{2}x + 3t^3 + 5$ 的 $\partial f/\partial x$ 和 $\partial f/\partial t$。

2.2 对于问题 2.1 的函数 $f(x, t)$，求 $\partial^2 f/\partial x^2$ 和 $\partial^2 f/\partial t^2$。

2.3 对于问题 2.1 的函数 $f(x, t)$，证明 $\partial^2 f/\partial x\partial t$ 给出与 $\partial^2 f/\partial t\partial x$ 相同的结果。

2.4 函数 $Ae^{\mathrm{i}(kxt-\omega t)}$ 是否满足经典波动方程？如果满足，请证明之，如果不满足，请说明理由。

2.5 函数 $A_1e^{\mathrm{i}(kx+\omega t)} + A_2e^{\mathrm{i}(kx-\omega t)}$ 是否满足经典波动方程？如果满足，请证明之，如果不满足，请说明理由。

2.6 函数 $Ae^{(ax+bt)^2}$ 满足经典波动方程吗？如果满足，这个函数描述的波的速度是多少？

2.7 对于不同的 a 和 b 值，讨论双曲方程 $y^2/a^2 - x^2/b^2 = 1$ 的解。

2.8 在至少一个完整振荡周期内，在位置 $x=0.5\mathrm{m}$ 和 $x=1.0\mathrm{m}$ 处，绘制 $y_1(x,t)=A\sin(kx+\omega t+\varepsilon_1)$ 和 $y_2(x,t)=A\sin(kx+\omega t+\varepsilon_2)$ 及其加和的时域曲线，其中 $A=1\mathrm{m}$、$k=1\mathrm{rad/m}$、$\omega=2\mathrm{rad/s}$。取 $\varepsilon_1=1.5\mathrm{rad}$、$\varepsilon_2=0$。

2.9 在 $x=1\mathrm{m}$ 处，在 $t=0.5\mathrm{s}$ 和 $t=1.0\mathrm{s}$ 时，绘制上一问题所述波形（及其总和）的相量图。

2.10 函数 $A\mathrm{e}^{\mathrm{i}(kx-\omega t)}$ 是否满足式（2-27）给出的对流方程？函数 $A\mathrm{e}^{\mathrm{i}(kx+\omega t)}$ 呢？

第 3 章
波的分量

在深入研究机械波、电磁波和量子波之前，我们先要了解波动方程的通解（第 3.1 节）及边界条件对解的重要性（第 3.2 节）。尽管用单一频率的波可学到波理论的许多重要概念，但在实际应用中所遇到的波通常包含多个频率分量。傅里叶合成用于分量叠加以合成波，傅里叶分析则可用于确定各个分量的振幅和相位。了解了傅里叶理论的基础知识（第 3.3 节）后，我们就可以着手讨论波包和色散（第 3.4 节）这样的重要问题了。与其他章节一样，本章各节仍是模块化的，你可以跳过本章中已经熟悉的内容。

3.1 波动方程的通解

为求经典一维波动方程的通解，很可能会用到法国数学家达朗贝尔（Jean le Rond'Alembert）在 18 世纪提出的方法。

$$\frac{\partial^2 y}{\partial x^2} = \frac{1}{v^2}\frac{\partial^2 y}{\partial t^2} \tag{3-1}$$

要理解达朗贝尔方法，首先定义两个关于 x 和 t 的新变量

$$\xi = x - vt$$

$$\eta = x + vt$$

我们来考虑如何用这两个变量重新整理波动方程。由于波动方程涉及空间和时间的二阶导数，因此先从链式法则开始：

$$\frac{\partial y}{\partial x} = \frac{\partial y}{\partial \xi}\frac{\partial \xi}{\partial x} + \frac{\partial y}{\partial \eta}\frac{\partial \eta}{\partial x}$$

由于 $\partial\xi/\partial x$ 和 $\partial\eta/\partial x$ 都等于 1，上式整理为

$$\frac{\partial y}{\partial x} = \frac{\partial y}{\partial \xi}(1) + \frac{\partial y}{\partial \eta}(1) = \frac{\partial y}{\partial \xi} + \frac{\partial y}{\partial \eta}$$

对上式取 x 的二阶导数，得到

$$\frac{\partial^2 y}{\partial x^2} = \frac{\partial}{\partial x}\left(\frac{\partial y}{\partial \xi} + \frac{\partial y}{\partial \eta}\right)$$

$$= \frac{\partial}{\partial \xi}\left(\frac{\partial y}{\partial \xi} + \frac{\partial y}{\partial \eta}\right)\frac{\partial \xi}{\partial x} + \frac{\partial}{\partial \eta}\left(\frac{\partial y}{\partial \xi} + \frac{\partial y}{\partial \eta}\right)\frac{\partial \eta}{\partial x}$$

$$= \left(\frac{\partial^2 y}{\partial \xi^2} + \frac{\partial^2 y}{\partial \xi \partial \eta}\right)(1) + \left(\frac{\partial^2 y}{\partial \eta \partial \xi} + \frac{\partial^2 y}{\partial \eta^2}\right)(1)$$

只要函数 y 有连续二阶导数，那么求 y 混合偏导数的求导顺序就可颠倒，有

$$\begin{cases} \dfrac{\partial^2 y}{\partial \xi \partial \eta} = \dfrac{\partial^2 y}{\partial \eta \partial \xi} \\ \dfrac{\partial^2 y}{\partial x^2} = \dfrac{\partial^2 y}{\partial \xi^2} + 2\dfrac{\partial^2 y}{\partial \xi \partial \eta} + \dfrac{\partial^2 y}{\partial \eta^2} \end{cases} \tag{3-2}$$

用相同方法对 y 求关于时间的导数，可得

$$\frac{\partial y}{\partial t} = \frac{\partial y}{\partial \xi}\frac{\partial \xi}{\partial t} + \frac{\partial y}{\partial \eta}\frac{\partial \eta}{\partial t} \tag{3-3}$$

考虑到 $\partial \xi / \partial t = -v$、$\partial \eta / \partial t = +v$，因此

$$\frac{\partial y}{\partial t} = \frac{\partial y}{\partial \xi}(-v) + \frac{\partial y}{\partial \eta}(v) = -v\frac{\partial y}{\partial \xi} + v\frac{\partial y}{\partial \eta}$$

进一步取关于 t 的二阶导数，得到

$$\frac{\partial^2 y}{\partial t^2} = \frac{\partial}{\partial t}\left(-v\frac{\partial y}{\partial \xi} + v\frac{\partial y}{\partial \eta}\right)$$

$$= \frac{\partial}{\partial \xi}\left(-v\frac{\partial y}{\partial \xi} + v\frac{\partial y}{\partial \eta}\right)\frac{\partial \xi}{\partial t} + \frac{\partial}{\partial \eta}\left(-v\frac{\partial y}{\partial \xi} + v\frac{\partial y}{\partial \eta}\right)\frac{\partial \eta}{\partial t}$$

$$= \left(-v\frac{\partial^2 y}{\partial \xi^2} + v\frac{\partial^2 y}{\partial \xi \partial \eta}\right)(-v) + \left(-v\frac{\partial^2 y}{\partial \eta \partial \xi} + v\frac{\partial^2 y}{\partial \eta^2}\right)(v)$$

由此可得

$$\frac{\partial^2 y}{\partial t^2} = v^2\frac{\partial^2 y}{\partial \xi^2} - 2v^2\frac{\partial^2 y}{\partial \xi \partial \eta} + v^2\frac{\partial^2 y}{\partial \eta^2} \tag{3-4}$$

有了 y 相对于 x 和 t 的二阶偏导数，就可将其表达式（式(3-2)

和式(3-4)) 代入到波动方程式 (3-1) 中, 得到

$$\frac{\partial^2 y}{\partial \xi^2} + 2\frac{\partial^2 y}{\partial \xi \partial \eta} + \frac{\partial^2 y}{\partial \eta^2} = \frac{1}{v^2}\left(v^2\frac{\partial^2 y}{\partial \xi^2} - 2v^2\frac{\partial^2 y}{\partial \xi \partial \eta} + v^2\frac{\partial^2 y}{\partial \eta^2}\right)$$

或
$$\left(\frac{\partial^2 y}{\partial \xi^2} - \frac{\partial^2 y}{\partial \xi^2}\right) + \left(2\frac{\partial^2 y}{\partial \xi \partial \eta} + 2\frac{\partial^2 y}{\partial \xi \partial \eta}\right) + \left(\frac{\partial^2 y}{\partial \eta^2} - \frac{\partial^2 y}{\partial \eta^2}\right) = 0$$

这表明将变量由 x 和 t 代换为 ξ 和 η 后, 经典波动方程简化为

$$\frac{\partial^2 y}{\partial \xi \partial \eta} = 0 \tag{3-5}$$

尽管上式不能马上给出物理启示, 但通过对该式进行积分, 可以揭示出波动方程解的很多特性。要了解这一点, 首先将此式写成:

$$\frac{\partial y}{\partial \xi}\left(\frac{\partial y}{\partial \eta}\right) = 0$$

这意味着什么呢? 如果 $\partial y/\partial \eta$ 关于 ξ 的偏导数为零, 则 $\partial y/\partial \eta$ 与 ξ 无关。这意味着 $\partial y/\partial \eta$ 必须仅是 η 的函数, 可以写成

$$\frac{\partial y}{\partial \eta} = F(\eta) \tag{3-6}$$

式中, F 为 η 的函数, 描述了 y 如何随 η 变化。对此方程进行积分

$$y = \int F(\eta)\,\mathrm{d}\eta + \text{constant} \tag{3-7}$$

其中, "constant" 指不依赖于 η 的任何函数 (因此它可以是 ξ 的函数), 将其写成函数 $g(\xi)$, 式 (3-7) 变成

$$y = \int F(\eta)\,\mathrm{d}\eta + g(\xi) \tag{3-8}$$

将 $F(\eta)$ 积分所得结果写成 η 的另一个函数 $f(\eta)$, 则

$$y = f(\eta) + g(\xi) \tag{3-9}$$

或
$$y = f(x+vt) + g(x-vt) \tag{3-10}$$

这就是经典一维波动方程的通解。满足波动方程的每个波函数 $y(x, t)$ 都可以分解为两个以相同速度但沿相反方向传播的波的加和。$f(x+vt)$ 表示以速度 v 沿负 x 方向传输的扰动, 而 $f(x-vt)$ 表示在正 x 方向以速度 v 传输的扰动。

作为通解, 式 (3-10) 给出了方程解的概况。但如想找到特定的时间和位置处 $y(x, t)$ 的具体值, 就需要额外的信息才行。这些信息

通常来自于边界条件，本章下一节将讲述相关内容。如现在就想看看如何使用达朗贝尔方法求波动方程的解，请见下例。

例 3.1　如果式（3-10）中函数 f 和 g 都表示振幅为 A 的正弦波，那么波函数 $y(x，t)$ 有什么特性？

解：要解答这个问题，先把 f 和 g 写成

$$f(x+vt) = A\sin(kx+\omega t)$$
$$g(x-vt) = A\sin(kx-\omega t)$$

（如担心 v 没有显式于上述表达式右侧，请回想第 1 章，$kx-\omega t$ 可以写成 $k(x-\omega/kt)$，而 $\omega/k = v$，v 就是波的相速度）。

将 f 和 g 表达式代入波动方程的通解中（式（3-10）），得到

$$y = f(x+vt) + g(x-vt)$$
$$= A\sin(kx+\omega t) + A\sin(kx-\omega t)$$

因为
$$\sin(kx+\omega t) = \sin(kx)\cos(\omega t) + \cos(kx)\sin(\omega t)$$
$$\sin(kx-\omega t) = \sin(kx)\cos(\omega t) - \cos(kx)\sin(\omega t)$$

所以

$$y = A\big[\sin(kx)\cos(\omega t) + \cos(kx)\sin(\omega t)) + A(\sin(kx)\cos(\omega t) - \cos(kx)\sin(\omega t)\big]$$
$$= A\big[\sin(kx)\cos(\omega t) + \sin(kx)\cos(\omega t) + \cos(kx)\sin(\omega t) - \cos(kx)\sin(\omega t)\big]$$
$$= 2A\sin(kx)\cos(\omega t)$$

波函数 y 的表达式表面上看起来像行波（毕竟里边包含着 kx 和 ωt），但是请注意 kx 和 ωt 出现在不同项上，这将对波在空间和时间上的行为有着重要影响。

我们可以在不同时刻一系列 x 值上绘制 y 曲线，来分析该波的特征。如图 3-1 所示，该波函数 $y(x，t)$ 在空间上以正弦方式传播，在时间上则发生振荡，但其峰和过零点并不像行波那样沿 x 轴移动。相反，峰值和过零点的位置保持不变（峰值和过零点由 $\sin(kx)$ 项决定），但峰值的大小随时间发生变化（决定于 $\cos(\omega t)$ 项）。余弦项以时间周期 T 发生重复，$T = 2\pi/\omega$；正弦项以空间间隔 λ 发生重复，$\lambda = 2\pi/k$。

所以，虽然这个波函数是两个行波之和，但合成结果则是一个非传播的波，叫作"驻波"。如图 3-1 所示，过零点的位置称为驻波的"节点"（nodes），波峰和波谷的位置称为驻波的"波腹"（anti - nodes）。

怎么才能产生这样两个等振幅且反向传播的波呢？一种可能就是单向传播的单频波经固定屏障的反射，反射波与原始波叠加而产生驻波。这里的固定屏障就是一种边界条件，在下一节将学到相关知识。

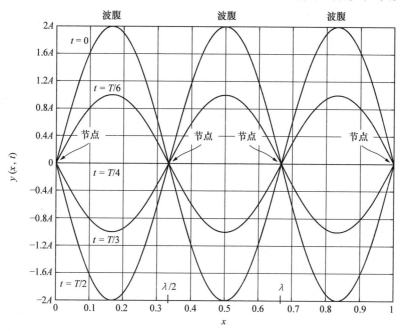

图 3-1　在 5 个不同时刻、在 1.5 倍波长距离上的 $y(x, t)$ 曲线

3.2　边界条件

为什么边界条件在波动理论中很重要呢？一个原因是：从本质上讲，微分方程告诉我们一个函数的变化（或如果方程涉及二阶导数，则是关于函数变化的变化）。了解一个函数如何变化非常有用，并且

在某些问题中知道函数如何变化就足够了。但对于许多问题，我们不仅希望知道函数如何变化，而且希望知道函数在特定位置或时间的值，这就是边界条件的来源。

边界条件将函数或其导数"指向于"空间或时间上的指定位置。通过约束微分方程的解以适应边界条件，可能进而确定函数或其导数在其他位置的值。之所以说"可能"，是因为不合适的边界条件提供的信息可能不充分或相互矛盾。

边界条件的子集由"初始条件"组成，初始条件规定了函数或其导数在开始时刻（通常令 $t=0$）或微分方程所适用区域下空间边界处的值。

为了解边界条件如何作用，我们考虑波动方程的达朗贝尔通解（式（3-10））。某些问题给出初始位移为 $I(x)=y(x,0)$，初始（横向）速度为 $V(x)=\partial y(x,t)/\partial t|_{t=0}$。可以使用这些条件和达朗贝尔通解来确定函数 $y(x,t)$ 在任何位置（x）和时间（t）的值。

为此，首先在通解（式（3-10））中令 $t=0$：

$$y(x,t)|_{t=0} = f(x+vt)|_{t=0} + g(x-vt)|_{t=0} \tag{3-11}$$

可以写成

$$y(x,0) = f(x) + g(x) = I(x) \tag{3-12}$$

式中，$I(x)$ 是每一 x 值处的初始位移。我们再次使用变量 $\eta=x+vt$ 和 $\xi=x-vt$，然后取关于时间的导数，再令 $t=0$，得到

$$\frac{\partial y(x,t)}{\partial t}\bigg|_{t=0} = \frac{\partial f}{\partial \eta}\frac{\partial \eta}{\partial t}\bigg|_{t=0} + \frac{\partial g}{\partial \xi}\frac{\partial \xi}{\partial t}\bigg|_{t=0}$$

切记，上述方程是取完导数后再将时间设定为零。这意味着我们可以在方程中先行写出 $\partial \eta/\partial t=v$ 和 $\partial \xi/\partial t=-v$，以及 $\partial f/\partial \eta=\partial f/\partial x$ 和 $\partial g/\partial \xi=\partial g/\partial x$。由此得到横向速度的初始条件为

$$\frac{\partial y(x,t)}{\partial t}\bigg|_{t=0} = \frac{\partial f}{\partial x}v - \frac{\partial g}{\partial x}v = V(x)$$

$V(x)$ 是指定每个位置 x 处初始速度的函数。进一步整理可得

$$\frac{\partial f}{\partial x} - \frac{\partial g}{\partial x} = \frac{1}{v}V(x)$$

对该方程左右两侧进行关于 x 的积分，就可将 $V(x)$ 的积分用

$f(x)$ 和 $g(x)$ 表出

$$f(x) - g(x) = \frac{1}{v} \int_0^x V(x)\,\mathrm{d}x \qquad (3\text{-}13)$$

式中 $x=0$ 表示不影响方程结果的任意起始位置。从式（3-12）知道初始位移（I）可以用 $f(x)$ 和 $g(x)$ 来表示：

$$f(x) + g(x) = I(x) \qquad (3\text{-}12)$$

所以，可以通过将式（3-13）与式（3-12）相加，分离出 $f(x)$：

$$2f(x) = I(x) + \frac{1}{v}\int_0^x V(x)\,\mathrm{d}x$$

或

$$f(x) = \frac{1}{2}I(x) + \frac{1}{2v}\int_0^x V(x)\,\mathrm{d}x \qquad (3\text{-}14)$$

同理，通过式（3-13）与式（3-12）相减，可分离 $g(x)$：

$$2g(x) = I(x) - \frac{1}{v}\int_0^x V(x)\,\mathrm{d}x$$

或

$$g(x) = \frac{1}{2}I(x) - \frac{1}{2v}\int_0^x V(x)\,\mathrm{d}x \qquad (3\text{-}15)$$

这些处理有什么好处呢？现在我们已有了用初始条件位移 $I(x)$ 和横向速度 $V(x)$ 表出的 $f(x)$ 和 $g(x)$。如果在 $f(x)$ 方程中用 $\eta = x + vt$ 代替 x，可得到

$$f(\eta) = f(x+vt) = \frac{1}{2}I(x+vt) + \frac{1}{2v}\int_0^{x+vt} V(x+vt)\,\mathrm{d}x$$

现在再用 $\xi = x - vt$ 代替 $g(x)$ 方程中的 x：

$$g(\xi) = g(x-vt) = \frac{1}{2}I(x-vt) - \frac{1}{2v}\int_0^{x-vt} V(x-vt)\,\mathrm{d}x$$

有了这两个方程，就可以用初始条件中的位移（I）和横向速度（V）在所有空间和时间点写出方程的解 $y(x,t)$：

$$\begin{aligned} y(x,t) &= f(x+vt) + g(x-vt)\\ &= \frac{1}{2}I(x+vt) + \frac{1}{2v}\int_0^{x+vt} V(x+vt)\,\mathrm{d}x + \frac{1}{2}I(x-vt) -\\ &\quad \frac{1}{2v}\int_0^{x-vt} V(x-vt)\,\mathrm{d}x \end{aligned}$$

为简化积分形式，可以用最后一项前面的减号来调整积分限：

$$y(x,t) = \frac{1}{2}I(x+vt) + \frac{1}{2}I(x-vt) + \frac{1}{2v}\int_{x-vt}^{x+vt}V(z)\,\mathrm{d}z \quad (3\text{-}16)$$

其中 z 是一个虚拟变量（这是一个将被积分掉的变量，因此可以选择任何名称）。

式（3-16）就是初始条件为 $I(x)$ 和 $V(x)$ 时，波动方程的达朗贝尔通解。所以，如已知 $I(x)$ 和 $V(x)$，就可以用这个方程求出任何位置（x）和时间（t）的解 $y(x,t)$。

当遇到形如等式（3-16）的表达式，应尝试理解其物理意义。式中前两项分别表示沿 $-x$ 和 $+x$ 方向移动的行波其一半大小的初始位移（即波轮廓）。

第三项的意义则不那么明显。但通过考虑积分限，可看出这表征在任意位置（x）处的累积扰动。$x-vt$ 到 $x+vt$ 的间隔就是扰动传播的空间范围，在这一范围内扰动有时间能以速度 v 到达位置 x，所以初始速度函数 V 在 x 点附近这一范围内的积分给出了在 x 位置能"集结"多少扰动。

在给定 $I(x)$ 和 $V(x)$ 前提下，下例给出如何用式（3-16）求 $y(x,t)$。

例 3.2 已知初始条件，求波函数 $y(x,t)$：

初始位移条件为

$$y(x,0) = I(x) = \begin{cases} 5[1+x/(L/2)], & -L/2 < x < 0 \\ 5[1-x/(L/2)], & 0 < x < L/2 \\ 0, & \text{其他} \end{cases}$$

初始横向速度条件为

$$\left.\frac{\partial y(x,t)}{\partial t}\right|_{t=0} = 0$$

解： 既然给定了初始位移（I）和横向速度（V），就可以用式（3-16）求 $y(x,t)$ 了。但最好先画出初始位移函数的图形，如图 3-2 所示。此时初始横向速度为零，所以不需要绘制初始横向速度函数。

现在已知道了初始位移函数的图形，就可以用式（3-16）求得：

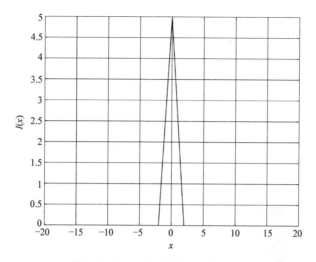

图 3-2　$L=4$ 时初始位移函数 $I(x)$

$$y(x,t) = \frac{1}{2}I(x-vt) + \frac{1}{2}I(x+vt) + \frac{1}{2v}\int_{x-vt}^{x+vt}V(z)\,\mathrm{d}z$$

$$= \frac{1}{2}\big[I(x-vt) + I(x+vt)\big] + 0$$

　　如图 3-3 所示，$I(x)$ 的初始波形按 1/2 比例缩放，并在负 x 方向和正 x 方向传播，且其波形随时间保持不变。以 $x=0$ 为中心的高三角形是时间 $t=0$ 时 $\frac{1}{2}\big[I(x-vt)\big]$ 和 $\frac{1}{2}\big[I(x+vt)\big]$ 的和，即 $I(x)$。在后续 $t=t_1$ 时刻，波函数 $I(x-vt)$ 向右（朝向正 x 方向）传播了 vt_1 距离，而反向传播的波函数 $I(x+vt)$ 向左（朝向负 x 方向）移动了相同距离，因此两分量的波函数不再重叠。随着时间的推移，这两个分量波函数继续分开，这可从 $t=t_2$ 的曲线图看出。

　　这个例子说明了在给定初始位移 $I(x)$ 和时间 $t=0$ 时的横向速度 $V(x)$ 后，用达朗贝尔方法求解波动方程以确定 $y(x,t)$。如本节开头所述，初始条件是边界条件的子集，其给出特定问题在"边界"处的波函数或其导数。这些"边界"可能是时间的（如时间等于零或无穷大），但也可以是空间的（如 $x=0$ 和 $x=L$）。

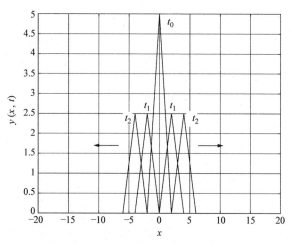

图 3-3　在 $t=0$ 及后续两个时点，反向传播的两个三角波分量

要进一步掌握如何用一般边界条件来确定波动方程的解，首先需要了解第 2.4 节讨论热方程中介绍的分离变量法。如该节所述，当我们使用分离变量法时，首先假定涉及两个或更多变量的偏微分方程（如一维波动方程中的 x 和 t）的解可以写成只包含一个变量的函数的乘积。对于一维波动方程，假设解 $y(x, t)$ 是只与 x 有关的函数 $X(x)$ 和仅依赖于 t 的另一函数 $T(t)$ 的乘积，因此 $y(x,t) = X(x)T(t)$。对于经典波动方程

$$\frac{\partial^2 y}{\partial x^2} = \frac{1}{v^2} \frac{\partial^2 y}{\partial t^2}$$

就可以写成

$$\frac{\partial^2 [X(x)T(t)]}{\partial x^2} = \frac{1}{v^2} \frac{\partial^2 [X(x)T(t)]}{\partial t^2} \tag{3-17}$$

因时间函数 $T(t)$ 与 x 无关，而空间函数 $X(x)$ 与 t 无关，故上式左侧导数项可提出 T，右侧项提出 X：

$$T(t)\frac{\partial^2 [X(x)]}{\partial x^2} = \frac{1}{v^2} X(x) \frac{\partial^2 [T(t)]}{\partial t^2} \tag{3-18}$$

下一步用 $(X(x)T(t))$ 除以方程两侧：

$$\frac{1}{X(x)}\frac{\partial^2 [X(x)]}{\partial x^2} = \frac{1}{v^2}\frac{1}{T(t)}\frac{\partial^2 [T(t)]}{\partial t^2} \tag{3-19}$$

可见上式左侧仅依赖于 x，而右侧只依赖于 t。如第 2.4 节所述，这意味着方程左侧和右侧都必须是常数。将这个常数（称为"分离常数"）设为 α，然后将上式分离得到：

$$\frac{1}{X}\frac{\partial^2 X}{\partial x^2} = \alpha$$

$$\frac{1}{v^2}\frac{1}{T}\frac{\partial^2 T}{\partial t^2} = \alpha$$

或

$$\frac{\partial^2 X}{\partial x^2} = \alpha X \tag{3-20}$$

$$\frac{\partial^2 T}{\partial t^2} = \alpha v^2 T \tag{3-21}$$

我们不禁问这些等式有何意义？两式均表明函数（X 和 T）的二阶导数等于一个常数乘以该函数。什么样的函数能满足这个要求呢？正如第 2 章所述，谐波函数（正弦和余弦）可以很好地符合此要求。

为了确定满足式（3-20）和式（3-21）的谐波函数包含的变量，将常数 α 设为 $-k^2$。将此常数设为负且为平方很有好处，我们考虑 $X(x)$ 方程：

$$\frac{\partial^2 X}{\partial x^2} = \alpha X = -k^2 X \tag{3-22}$$

通过将 $\sin(kx)$ 或 $\cos(kx)$ 代入式（3-22），可证此方程的解包括 $\sin(kx)$ 和 $\cos(kx)$。当 kx 作为正弦或余弦函数的参量出现时，k 的意义就变得很清楚了：因 x 代表距离，k 就必须将距离的量纲转换成角度（用国际单位制中，将米转换成弧度）。如第 1 章所述，这正是波数（$k = 2\pi/\lambda$）的作用。所以，通过将分离常数 α 设为 $-k^2$，就可以确保波数在波动方程的解中显式出现。

$T(t)$ 的方程又会怎样呢？对其将分离常数设置为 $-k^2$

$$\frac{\partial^2 T}{\partial t^2} = \alpha v^2 T = -v^2 k^2 T \tag{3-23}$$

该式的解包括 $\sin(kvt)$ 和 $\cos(kvt)$。如果 k 代表波数、v 代表波相速度，则 kv 就代表角频率（ω）（因为 $(2\pi/\lambda)v = 2\pi\lambda f/\lambda = 2\pi f = \omega$）。

因此，分离波动方程中的变量可以得到形如 $y(x,t) = X(x)T(t)$

的解，其中 $X(x)$ 函数可以是 $\sin(kx)$ 或 $\cos(kx)$，而 $T(t)$ 项可能是 $\sin(kvt)$ 或 $\cos(kvt)$。这确实很有用，但我们怎么知道空间函数 $X(x)$ 和时间函数 $T(t)$ 是选择正弦函数还是余弦函数（或它们的组合）呢？

答案是边界条件。当已知解（或其导数）在空间或时间特定位置处需具有的值，就可以选择与边界条件匹配的适当函数。这些边界条件可能是绳末端的零位移点，可能是电磁波在源附近的导电平面，也可能是量子波的势垒。

在学习如何应用边界条件之前，有必要花几分钟时间来理解为什么正弦和余弦的组合（正弦和余弦的加权组合更好）相比正弦或余弦函数更适于构成方程的解。考虑一下函数 $X(x) = \sin(kx)$ 或 $X(x) = \cos(kx)$ 在 $x = 0$ 处的情况。函数 $X(x) = \sin(kx)$ 在 $x = 0$ 处必须等于零（因 $\sin 0 = 0$），而 $X(x) = \cos(kx)$ 须在 $x = 0$ 处有最大值（因 $\cos 0 = 1$）。但是如果位移边界条件 $x = 0$ 处既不是零，也不是最大值呢？如果解只局限于包含正弦函数或余弦函数，则这样的解永远不能满足边界条件。

现在考虑一下如果将函数 $X(x)$ 定义为正弦和余弦函数的加权组合，则 $X(x) = A\cos(kx) + B\sin(kx)$。权重系数 A 和 B 告诉我们该组合中包含有"多少余弦"、"多少正弦"，适当加权可产生显著效果。

要了解这一点，请看图 3-4 中的四个波形。每一个波形均满足 $X(x) = A\cos(kx) + B\sin(kx)$，但是加权因子 A 和 B 的相对值不同。如图 3-4 所示，$A = 1$ 和 $B = 0$ 的波形在 $kx = 0$（最左边）达到峰值，故该波是一个纯余弦函数。在 $kx = 90°$ 处（最右边）出现峰值的波形对应 $A = 0$ 和 $B = 1$，这意味着其是一个纯正弦函数。

图 3-4 中另外两个波形在纯余弦函数和纯正弦函数之间达到峰值。$A = 0.866$ 和 $B = 0.5$ 的波形（主要为余弦）在 $kx = 30°$ 处达到峰值，而 $A = 0.5$ 和 $B = 0.866$ 的波形（主要为正弦）在 $kx = 60°$ 达到峰值。如你所见，正弦和余弦函数的权重比例决定了合成波形出现峰值的位置。令 $A^2 + B^2 = 1$ 以确保所有波形具有相同高度，如果边界条件要求特定 x 处具有特定 $X(x)$ 值，则通过调整权重因子 A 和 B 就可满足这些边界条件。

这就解释了为什么在学习波理论时，经常在文献中会遇到诸如
"通解是这些函数的组合"之类的语句。通过将正弦和余弦等函数以
适当的权重因子进行组合，所得到的波动方程的解相比单用正弦或余
弦函数，能满足更广泛的条件。

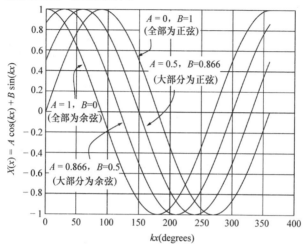

图 3-4　正弦和余弦函数的加权组合

用其他方式也可以实现波函数沿 x 轴或 t 轴移动。例如，可使用
相位常数（ϕ_0）并将通解写成 $C\sin(\omega t + \phi_0)$，通过调整常数 C 使波
形的高度与边界条件相匹配，而峰值沿时间轴的位置则由相位常数 ϕ_0
控制。

下面以约束在特定位置的绳为例，说明边界条件的应用。

例 3.3　对于两端固定的绳，求绳上波产生的位移 $y(x, t)$。

解：因绳两端被固定，故绳末端对应的位移 $y(x, t)$ 须始终为
零。如令绳的一端坐标值设 $x = 0$，而另一端 $x = L$（L 是绳长），则可
知 $y(0, t) = 0$ 和 $y(L, t) = 0$。将 $y(x, t)$ 分解为距离函数 $X(x) = A\cos(kx) + B\sin(kx)$ 和时间函数 $T(t)$ 的乘积，有

$$y(0, t) = X(0)T(t) = [A\cos(0) + B\sin(0)]T(t) = 0$$
$$[(A)(1) + B(0)]T(t) = 0$$

上式须在任何时候都成立，则式中余弦项的加权系数 A 必须等于零。

在绳的另一端（$x = L$）处也应用边界条件，得到：
$$y(L, t) = X(L)T(t) = [A\cos(kL) + B\sin(KL)]T(t) = 0$$
$$[0\cos(kL) + B\sin(kL)]T(t) = 0$$

等式成立的条件是 $B = 0$ 或 $\sin(kL) = 0$。$B = 0$ 会导致在任何时候绳上任何地方都没有位移（请注意，前边已得到 $A = 0$），这种情况显然没有意义。因 B 只能是非零权重系数，故 $\sin(kL)$ 必须为零。我们已经知道 $k = 2\pi/\lambda$，所以在这个例子中

$$\sin(kL) = \sin\left(\frac{2\pi L}{\lambda}\right) = 0$$

$$\frac{2\pi L}{\lambda} = n\pi$$

$$\lambda = \frac{2L}{n}$$

式中 n 可以取任何正整数（n 为零或负数时没有物理意义）。

这意味着对于两端固定的绳，波长（λ）的值为 $2L$（若 $n = 1$）、L（若 $n = 2$）、$2L/3$（若 $n = 3$），依此类推。这些情况如图 3-5 所示。

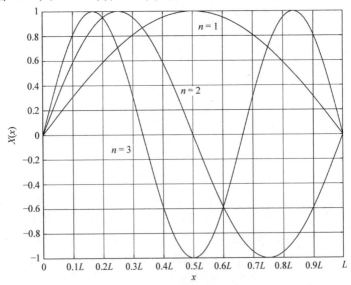

图 3-5 两端固定的绳的前三种波动模式

　　因此，两端固定的绳上允许的波长须为 $\lambda = 2L/n$，n 为正整数序列。除这些波长外，其他任何 λ 值都不会在绳末端产生零位移，即不能满足 $X(0) = 0$ 和 $X(L) = 0$ 的边界条件。本例通解就是这些满足边界条件的波形的加权组合：

$$X(x) = B_1 \sin(\frac{\pi x}{L}) + B_2 \sin(\frac{2\pi x}{L}) + B_3 \sin(\frac{3\pi x}{L}) + \cdots$$

$$= \sum_{n=1}^{\infty} B_n \sin(\frac{n\pi x}{L})$$

其中，加权系数 B_n 给出每种波形的权重比例，其大小取决于如何激发绳。

　　例如可以在一个或多个位置将绳拉到某个初始位移来"拨动"这根绳。在这种情况下，边界条件之一就是给出时间 $t=0$ 时位置 x 处的初始位移量 $y(x, 0)$，边界条件之二则为在 $t=0$ 时刻初始横向速度 $\partial y(x, t)/\partial t$ 等于零。

　　或者可以"敲击"绳而在指定位置给其一个初始横向速度。此种情况下，一个边界条件为在 $t=0$ 时刻位置 x 处的初始位移 $y(x, 0) = 0$，另一个边界条件为初始横向速度 $\partial y(x, t)/\partial t$ 等于 $t=0$ 时在该位置给出的速度 v_0。

　　我们想象一下，假设绳最初处于平衡状态（各处均没有位移，所有 x 点有 $y(x, 0) = 0$），我们用一个小锤子敲击绳给出初始横向速度 v_0。用上述步骤分离空间和时间分量，并将 $T(t)$ 写成正弦和余弦项的加权组合：

$$T(t) = C\cos(kvt) + D\sin(kvt) = C\cos(\frac{2\pi}{\lambda}vt) + D\sin(\frac{2\pi}{\lambda}vt)$$

式中加权系数 C 和 D 由边界条件确定。

　　对 $X(x)$ 的分析已表明两端固定的绳有 $\lambda = 2L/n$，故 $T(t)$ 的表达式变成：

$$T(t) = C\cos(\frac{2\pi}{\lambda}vt) + D\sin(\frac{2\pi}{\lambda}vt)$$

$$= C\cos(\frac{2\pi}{2L/n}vt) + D\sin(\frac{2\pi}{2L/n}vt)$$

$$= C\cos(\frac{n\pi}{L}vt) + D\sin(\frac{n\pi}{L}vt)$$

据此，在时间 $t = 0$ 时，对所有 x 值应用零位移边界条件：

$$y(x,0) = X(x)T(0) = X(x)[C\cos(0) + D\sin(0)] = 0$$
$$X(x)[(C)(1) + (D)(0)] = 0$$

我们已知 $X(x) = \sum_{n=1}^{\infty} B_n \sin(n\pi x/L)$，该式对于绳上所有 x 值不能全为零，这意味着 C 必须等于零。因此，$T(t)$ 的通解是带有 n 的每一正弦项之和：

$$T(t) = \sum_{n=1}^{\infty} D_n \sin(\frac{n\pi}{L}vt)$$

结合以上 $X(x)$ 和 $T(t)$ 的表达式，并将 D_n 这一加权系数吸收进 B_n，得到绳的位移为

$$y(x,t) = X(x)T(t) = \sum_{n=1}^{\infty} B_n \sin(\frac{n\pi x}{L})\sin(\frac{n\pi vt}{L}) \quad (3\text{-}24)$$

令 $n = 1$，图 3-6 依据上式在 $kvt = 0$ 和 $kvt = 2\pi$ 之间绘制了 50 个不同的时刻的曲线。这就是驻波的例子。对于 $n = 1$ 时产生的驻波，其有两个节点（对应零位移的位置），分别在绳的两端；此驻波有一个波腹（对应最大位移的位置），在绳的中心。通过考虑式（3-24）两个正弦项的作用，可以将此图形状与 $y(x, t)$ 方程联系起来。式中空间正弦项 $\sin(n\pi x/L)$（或 $n = 1$ 时为 $\sin(\pi x/L)$），在 $x = 0$ 到 $x = L$ 的距离上产生了半个周期的正弦波（因 $\sin(\pi x/L)$ 的变量在 x 这一范围内从 0 增加到 π，故为半个周期）。

我们再来看看式中的时间正弦项 $\sin(n\pi vt/L)$（$n = 1$ 时为 $\sin(\pi vt/L)$）的影响。先回想一下 $vt = (\lambda f)t$，而 $f = 1/T$，T 代表振荡周期。故，$n\pi vt/L = n\pi\lambda t/(TL)$。我们已知对于两端固定的绳 $\lambda = 2L/n$，这就有 $2n\pi Lt/(nTL) = 2\pi t/T$。易知这个时间正弦项在 $t = 0$ 时的值为零（因 $\sin 0 = 0$），到时间 $t = T/4$ 时为最大值 $+1$（因 $\sin[2\pi(T/4)/T] = \sin(\pi/2) = 1$），然后在时间 $t = T/2$ 时又回到零（因 $\sin[2\pi(T/2)/T] = \sin(\pi) = 0$），在时间 $t = 3T/4$ 时达到负最大值 -1（因为 $\sin[2\pi(3T/4)/T] = \sin(3\pi/2) = -1$），在时间 $t = T$ 时再次回到零（因为 $\sin[2\pi(T)/T] = \sin(2\pi) = 0$）。用半正弦波线条逐渐填充图 3-6，就可以看出这个时间振荡过程。

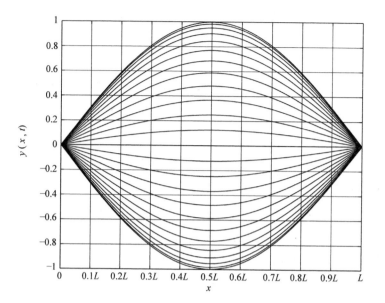

图 3-6　$n=1$ 时在 50 个不同时刻的 $y(x, t)$ 曲线

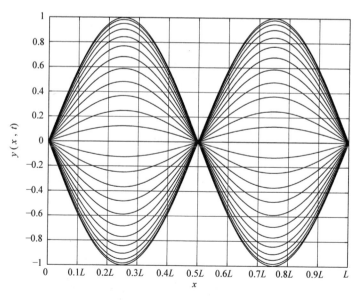

图 3-7　$n=2$ 时的 $y(x, t)$ 曲线

类似的分析也适用于 $n=2$ 的情况。这种情况下，绳在 $x=0$ 到 $x=L$ 的范围对应着空间正弦项的完整周期，如图3-7所示。注意，此种条件下的驻波有三个节点和两个波腹。我们可以推出两端固定的绳的一个规则，其节点数是 $n+1$ 个，而波腹数是 n 个。图3-8 的 $n=3$，空间正弦项在 $x=0$ 到 $x=L$ 的范围有 1.5 个周期，其节点数和波腹数符合这个规则。

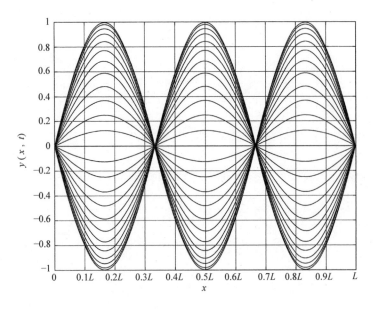

图 3-8　$n=3$ 时的 $y(x, t)$ 曲线

两端固定的绳的上述振动模式称为"简正"模式，n 值称为该模式的"阶"。$n=1$ 的模式称为基模，n 值较大的模式称为高阶模。简正模式也可以称为"本征函数"，在第 6 章描述量子波时还会用到这个名词。

本节方法给出了绳上可能出现波形的很多信息，但我们还没有讨论如何根据边界条件确定式（3-24）中加权系数 B_n 的值。这需要熟悉下一节傅里叶理论（Fourier theory）的基础知识。

3.3 傅里叶理论

如本章导言所述，傅里叶理论包含两个相关但不同的主题：傅里叶合成和傅里叶分析。顾名思义，傅里叶合成的目的是通过使用具有适当频率的正弦和余弦分量（称为"基函数"）来合成波形。傅里叶分析的目的则是"解构"一个给定的波形，使之分解成构成该波形的各频率分量，并找出各分量的振幅和相位。

在本章前两节实际已经看到了几个例子，蕴含着傅里叶理论的重要原理。这个原理就是"叠加"，即波动方程任何解之和也是该方程的解。如第 1 章所述，此规律之所以成立是因为波动方程是线性的，二阶求导也是线性运算。波动方程的达朗贝尔通解（将一个波表示为两个反向传播的波的组合），还有我们学到的正弦和余弦的加权组合都是叠加的例子。

叠加原理自 19 世纪初开始被关注，法国数学物理学家傅里叶（Jean Baptiste Joseph Fourier）证明复函数可以由一系列谐波函数（正弦和余弦函数）叠加而成。尽管傅里叶当时研究的是导热材料的热流特性，但这一理论在过去的 200 年里已被应用到科学和工程许多不同领域。

图 3-9a 给出傅里叶合成理论中叠加原理的示例。方波从 $-\infty$ 延伸到 $+\infty$，其空间周期（空间中波形重复自身的距离）为 $2L$；本图显示了该波的两个周期。方波由直边及尖锐夹角构成，对于其可由正弦和余弦平滑曲线构造出来，似乎令人难以置信。但事实证明，一系列具有适当振幅和频率的正弦波通过叠加，可收敛成具有直边 - 尖锐夹角的方波。

为验证以上事实，请见图 3-9b 中的正弦波。该正弦波的空间周期（一个完整周期的距离）与方波的空间周期相匹配，其过零点与方波的过零点相重合。图中还可见该正弦波的振幅比方波的振幅大约高 27% 。这需要在其他正弦波与该"基"波相加时，才能弄清振幅较大的原因。

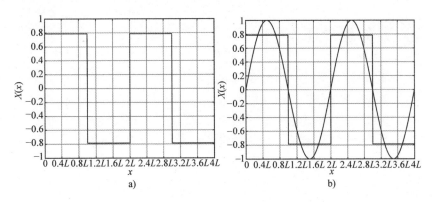

图 3-9　方波

　　尽管图 3-9b 的正弦波频率与 3-9a 中方波频率相匹配，但正弦波还缺少方波的"方肩"和阶跃。图 3-10a 和图 3-10b 中引入了第二个正弦波，其频率是基波的三倍，而振幅是基波的 1/3。图 3-10a 中在基波高于方波的位置，新引入的第二个波是负值，加到基波上可以减少超调，使加和结果接近方波的值。同理，在基波值低于方波的位置，第二个正弦波的值为正，可以"填充"基波的低点。我们在图 3-10b 中观察基波和第二个正弦波的合成波形，尽管还有一定差异，但合成的波形已经与方波波形较为接近了。

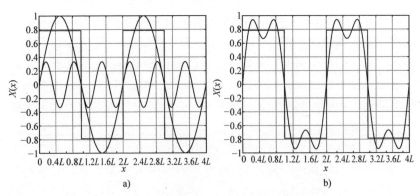

图 3-10　a）两个正弦波形；b）及其加和

你可能已猜到，下一步是再引入一正弦波，第三个波的频率是基波的 5 倍而振幅是基波的 1/5。为何选取这些频率和振幅值呢？图 3-11a 中，在基波和第二正弦波之和低于方波导致超调为负的位置，第三个正弦波有正值。第三个正弦波也混合进来后，所得图 3-11b 的组合波形显然更接近方波。

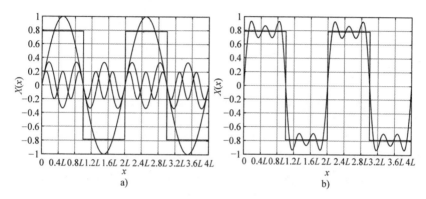

图 3-11 a）三个正弦波形；b）及其加和

如果继续引入更多具有适当频率和振幅的正弦波，则叠加之和会越来越接近所要的方波。所引入正弦波的频率须为基频的奇数整数倍，而振幅须以同一因子成倍减小。所以令正弦波级数收敛到本例方波的各分量须为 $\sin(\pi x/L)$、$\frac{1}{3}\sin(3\pi x/L)$、$\frac{1}{5}\sin(5\pi x/L)$ 等等。前 16 个、64 个分量叠加所得波形分别如图 3-12a、图 3-12b 所示；级数中参与叠加的项越多，对方波就能近似得越好。另外，尽管这个级数有无穷多项，但你用前几百项就可以使叠加所得波形与理想方波相差无几了。

叠加所得波形与理想方波主要区别之处在方波的垂直阶跃边沿附近，波形总伴随有小的超调和振荡。这种现象被称为"吉布斯波纹"（Gibbs ripple）。无论有多少项参与级数加和，合成的波形在方波不连续处的超调量都约为 9%。如图 3-12a 和图 3-12b 所示，随级数中参与叠加的项数增多，吉布斯波纹频率增大，进而其在方波边沿附近水平作用范围变窄。

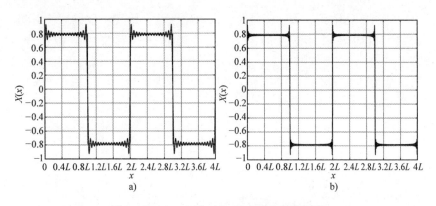

图 3-12　a）16 项；b）64 项叠加所得波形

　　尽管图 3-10 和图 3-11 有助于说明傅里叶合成的过程，这里还有一种更加有效的方法来描述波的频率成分。该方法无需在空域或时域绘制波形（即绘制垂直轴对应位移、水平轴对应距离或时间的图形），而用条形图给出了每一频率分量的振幅。这种图称为"频谱"，通常用纵轴对应每一频率分量的振幅，用横轴对应该分量的频率（f 或 ω）或波数（k）。图 3-13 就是波数谱（也称为"空间频谱"）的示例。

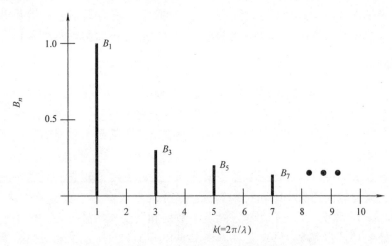

图 3-13　方波的单边正弦波频谱

此图给出了构成方波的前四个正弦波分量的振幅（分别为 B_1、B_3、B_5 和 B_7；对于此方波，n 为偶数值分量的振幅都是零）。如果你希望方波在 $+1$ 和 -1 之间振荡（而不是图 3-9a 的 ± 0.785），需将图中每一频率分量的系数乘以 $4/\pi \approx 1.27$。

本例作为"单边"幅度谱，只显示了具有正频率的频率分量幅度。我们易由图可知哪些频率分量（及分量对应的频率值）用于合成波形，各正弦波（不是余弦波）的振幅通过图形纵轴的标识来确定。完整的"双边"频谱可显示正、负频率分量的振幅；此类频谱包含正弦波和余弦波所对应旋转相量的所有信息（如第 1 章第 1.7 节所述）。单频余弦波分量的双边频谱如图 3-14a 所示，而单频正弦波分量的双边频谱如图 3-14b 所示，这两种波的波数均为 $k=3$。请注意，完整双边频谱对称于零频率的条形图的高度是余弦分量系数值（A_n）或正弦分量系数值（B_n）的一半，这与欧拉方程的余弦表达式（式（1-43））和正弦表达式（式（1-44））相一致。还要注意余弦波的负频率分量和正频率分量都具有正的振幅，而正弦波的正频率分量振幅则是负的。这与式（1-43）和式（1-44）所对应反向旋转相量的符号一致。

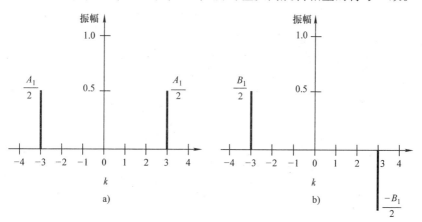

图 3-14　a）余弦波；b）正弦波的双边频谱

傅里叶合成可应用于空间波函数 $X(x)$ 和时间波函数 $T(t)$ 中。在空域应用中，合成的波函数由空间频率分量（也称为波数分量）组

成，这些分量在距离上具有周期性（自身重复）。周期为 $2L$ 的空间波函数其傅里叶合成的数学表述为

$$X(x) = A_0 + \sum_{n=1}^{\infty} \left[A_n \cos\left(\frac{n2\pi x}{2L}\right) + B_n \sin\left(\frac{n2\pi x}{2L}\right) \right] \quad (3\text{-}25)$$

式中，A_0 项表示 $X(x)$ 的常数（非振荡）平均值（也称为"直流值"，类比于不发生振荡的直流电）。A_n 系数（A_1、A_2、A_3 等）对应着参与混频以合成 $X(x)$ 的各余弦分量有多少，B_n 系数（B_1、B_2、B_3 等）对应参与混频的各正弦分量权重。为显式空间周期（$2L$）的作用，式（3-25）在各正弦和余弦项的分子和分母中的没有消去因子 2。

基于时间的时域应用中，所合成的波函数由随时间进行周期变化的时间频率分量组成。时域周期为 P 的时间波函数 $T(t)$ 的傅里叶合成数学表达式为

$$T(t) = A_0 + \sum_{n=1}^{\infty} \left[A_n \cos\left(\frac{n2\pi t}{P}\right) + B_n \sin\left(\frac{n2\pi t}{P}\right) \right] \quad (3\text{-}26)$$

上式除在各正弦和余弦分量的分母中以时域周期 P 代替了空间周期 $2L$ 外，基本与式（3-25）中相同。

我们现在考虑一下合成图 3-9a 中方波的各分量的直流项傅里叶系数（A_0）、余弦分量系数（A_n）和正弦分量系数（B_n）。改变这些系数的一部或全部，所有级数项经相加所得函数的性质会发生显著变化。例如，若方波的正弦分量系数以 $1/n^2$ 而不是 $1/n$ 的趋势减小，且系数符号正负交替变号，则可得图 3-15 所示波形。这些不同的系数参与合成了三角波，而非方波。

图 3-15 中三角波右侧给出了正弦分量系数表达式（B_n）；在式中，$\sin(n\pi/2)$ 项导致系数 B_3、B_7、B_{11} 等为负。每一系数中 $8/\pi^2$ 这一因子决定了合成波的最大值和最小值被限于 $+1$ 和 -1 之间。

图 3-16 所示的偏移三角波表面上看起来非常像图 3-15 中的三角波，但仔细观察可见几个重要区别，这表明合成该波形需要用到一组不同的傅里叶系数。

区别之一是这个三角波完全位于 x 轴之上。这意味着其平均值不是零。回顾前面关于傅里叶系数 A_0 作用的讨论，应能猜到本例"直流

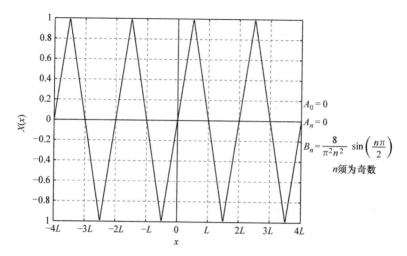

图 3-15　周期性三角波的傅里叶系数

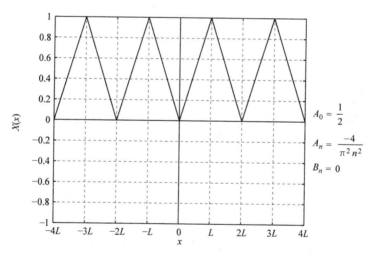

图 3-16　偏移三角波的傅里叶系数

项"不能为零。

　　区别之二通过比较两者 $x = 0$ 左右两侧的值可以看到。图 3-16 的三角波在两侧距 $x = 0$ 距离相等之处的值相等，即 $X(-x) = X(x)$，此种关于 $x = 0$ 的对称性须来自于偶函数，而图 3-15 三角波表现出

$X(-x) = -X(x)$的奇函数特性。傅里叶系数与函数奇偶性有什么联系呢？这需要考虑正弦函数和余弦函数本身的性质。由于余弦函数是偶函数($\cos(-x) = \cos(x)$)，而正弦函数是奇函数($\sin(-x) = -\sin(x)$)，因此任一偶函数可完全由余弦分量组成，而任一奇函数可完全由正弦分量组成。

基于图3-16中三角形波的直流偏移及偶对称性，可以猜到A_0系数将为非零项，A_n系数（余弦分量系数）也将为非零项，而B_n系数（正弦系数）将全部为零。这个猜测是正确的，这些系数的表达式在图3-16右侧给出。

你可能想知道是否每个函数都可以表示为傅里叶级数，以及如何精确地确定给定函数的傅里叶系数。第一个问题的答案与狄利克雷条件（Dirichlet requirements）有关，而第二个问题则是本节后一部分傅里叶分析的主题。

狄利克雷条件规定：对于任何周期函数，其傅里叶级数要收敛（即随着级数项增加而接近极限值）的条件是，只要该函数在任何区间内具有有限多个极值点（最大和最小值点）和有限多个有限不连续点。在函数连续位置（远离不连续点），傅里叶级数收敛到函数的值，在有限不连续点（该点的值非无限大跃变），傅里叶级数收敛到不连续点两侧的平均值。例如，在方波函数从高跳到低的位置，傅里叶级数收敛到高值和低值之间的中点。你可能已在文献中读到很多关于狄利克雷条件的内容，对于科学和工程中用到的许多函数，其傅里叶级数都是收敛的。

如上所述，正弦和余弦分量加权合成波形的过程称为傅里叶合成，而确定波形中存在哪些分量的过程称为傅里叶分析。傅里叶分析的关键在于正弦和余弦函数的正交性。"正交性"是垂直概念的推广，从更广泛意义上讲，意为不相关。

为了解正交函数，考虑两个函数$X_1(x)$和$X_2(x)$。两函数分别减去两者的平均值，则两个函数（垂直地）以零为中心，然后将每个x值处的X_1值与同一x值处的X_2值相乘。如果x是离散值，则逐点相乘后再相加；如果函数关于x是连续的，则对乘积进行积分。若函数

$X_1(x)$ 和函数 $X_2(x)$ 正交，则求和或积分的结果将为零。

下面将用图解说明该过程，但首先应了解谐波的正弦和余弦函数 （n 和 m 为整数）正交性的数学表述：

$$\frac{1}{2L}\int_{-L}^{L}\sin\left(\frac{n2\pi x}{2L}\right)\sin\left(\frac{m2\pi x}{2L}\right)dx = \begin{cases} \dfrac{1}{2}, & n = m \\[2mm] 0, & n \neq m \end{cases} \tag{3-27}$$

$$\frac{1}{2L}\int_{-L}^{L}\cos\left(\frac{n2\pi x}{2L}\right)\cos\left(\frac{m2\pi x}{2L}\right)dx = \begin{cases} \dfrac{1}{2}, & n = m > 0 \\[2mm] 0, & n \neq m \end{cases} \tag{3-28}$$

$$\frac{1}{2L}\int_{-L}^{L}\sin\left(\frac{n2\pi x}{2L}\right)\cos\left(\frac{m2\pi x}{2L}\right)dx = 0 \tag{3-29}$$

上述方程积分于基本正弦或余弦函数（空间周期为 $2L$）的完整一周内。第一个方程表明两不同频率（$n \neq m$）的正弦波彼此正交，而两相同频率（$n = m$）的正弦波是非正交的。同理，第二个方程表明两个不同频率（$n \neq m$）的余弦谐波正交，而相同频率（$n = m$）的两余弦波非正交。第三个方程则告诉我们，不管频率是否相同，正弦波和余弦波均正交。

正交关系可用于确定哪些频率分量存在于给定波形中、哪些则不能。为明确其原理，假设有一个函数，要确定其是否包含有特定频率的正弦波。将该函数与"测试"正弦波逐点相乘，然后将乘积结果相加。如果被测函数包含与测试正弦波频率相同的正弦波分量，则每次逐点乘积均为正值，再经加和后所得值将很大。该过程如图 3-17 所示。

本例似乎多此一举，因被测试函数显然是一个单频正弦波，没必要在每个 x 处将此函数的值与测试函数对应值相乘再积分。但请想象一下，被测函数除包含图中所示单一正弦波外，还包含具有不同振幅和频率的其他频率分量。只要被测函数中出现与测试正弦波频率相匹配的正弦波分量，该频率分量的存在将导致乘积 – 积分过程所得结果为正（因为该正弦波的正值将与测试函数的所有正值对应，所有负值部分也相互对应）。被测信号中与测试正弦波频率相匹配的正弦波分量幅值越大，乘积和积分后所得结果就越大。所以这一过程不仅告诉

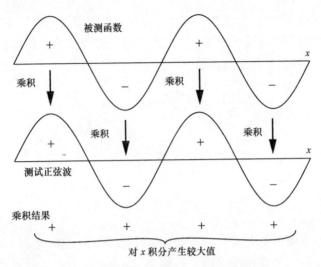

图 3-17　测试函数与被测函数频率相匹配

我们某一频率存在于被测信号中，而且还能给出与该频率分量振幅成正比的结果。

当测试函数的频率与被测信号的频率分量都不匹配时，乘积和积分过程之后的结果会很小。图 3-18 给出了一个例子。

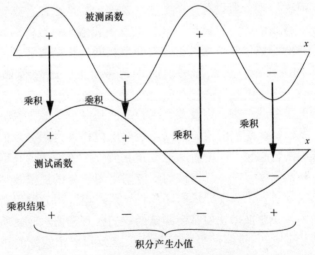

图 3-18　测试函数的频率为被测函数频率的一半

　　该例测试正弦波的频率是被测函数正弦波频率的一半。逐点相乘时，被测函数频率分量经过一个完整周期，但在此距离上测试函数仅经过半个周期。逐点相乘所得结果必将有正有负，在一个完整周期中进行积分所得结果将是零。因此，本例函数正交，这与式（3-27）$n \neq m$ 情形的结论一致。

　　图3-19所示测试函数的频率是被测函数频率的两倍时，也会发生同样情况。该例中被测函数频率分量在测试函数经过完整一周的距离上，仅经半周。与前例分析方法相同，这意味着乘积结果有正有负，进而在完整一周内进行积分所得结果仍为零。因此，在测试函数完整一周内，如被测函数的频率分量出现更多完整周期或出现的是不完整周期（即当 $n > m$ 或 $n < m$），乘法和积分过程所得结果将为零。

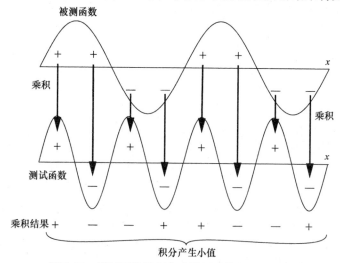

图 3-19　测试函数的频率为被测函数频率的两倍

　　回顾图3-17～图3-19所示逐点相乘过程，尽管乘积结果在图中都显示为"加号"和"减号"，但乘积具体大小将随 x 值而变化。例如，在图3-17所有 x 处乘积结果均为正，但有些地方会比其他地方有更大的乘积结果。实际上，乘积结果随 x 呈正弦变化。所以对乘积进一步积分就是找出由被测函数和测试函数乘积所形成正弦曲线的面积。当测试函数的频率与被测函数的频率相匹配时（即式（3-27）中

$n = m$ 时），该乘积的正弦曲线完全位于 x 轴上方（所有值均为正），但当两函数相互正交（式（3-27）$n \neq m$ 对应的情形），该曲线在 x 轴上下各半（这种情况乘积为负值的点和乘积为正值的点一样多）。乘积所得正弦曲线完全位于 x 轴上方，曲线下的面积一定为正，但当正弦曲线在 x 轴上下各半时，曲线下面积将为零。这就是正交关系起作用的原理。

同样的过程也适于确定被测试函数中是否存在某个余弦波，此时测试函数须选择余弦波而非正弦波。因此，我们可以找到满足狄利克雷条件的函数其傅里叶系数 A_n，所用方法就是用余弦波乘以该函数，然后对乘积结果进行积分。当然，也可以用正弦波作为测试函数，通过相同过程确定该函数的傅里叶系数 B_n。正弦函数和余弦函数彼此正交（式（3-29）），这就保证了被测函数余弦分量仅参与确定系数 A_n，但不会影响 B_n 系数，而被测函数正弦分量仅参与确定系数 B_n，但对 A_n 无影响。

使用正弦波和余弦波作为测试函数，许多同学能较容易地理解上述乘法和积分过程。当被测函数正弦波分量与测试函数的正弦波完全"对齐"（即被测频率分量和测试正弦波无相移）时，这一过程效果明显。但傅里叶方法的优点在于：如果被测试函数包含一个具有特定频率但有相位偏移的分量（这样它既不与测试正弦波、也不与测试余弦波"对齐"），则经乘积－积分过程后，在该频率处分别求出的 A_n 和 B_n 系数都将有非零结果。如果被测函数频率分量与测试正弦波接近同相，则 B_n 值将较大而 A_n 较小；如果频率分量与测试余弦波接近同相，则 A_n 值较大，B_n 值较小。如果频率分量的相位位于测试正弦波和测试余弦波相位正中时，那么 A_n 和 B_n 将具有相等的值。回顾本节前面讨论叠加概念及示意图 3-4，就可发现这一现象。

以下给出计算 $X(x)$ 波形傅里叶系数的数学表达式：

$$\begin{cases} A_0 = \dfrac{1}{2L}\int_{-L}^{L} X(x)\,\mathrm{d}x \\[2mm] A_n = \dfrac{1}{L}\int_{-L}^{L} X(x)\cos\left(\dfrac{n2\pi x}{2L}\right)\mathrm{d}x \\[2mm] B_n = \dfrac{1}{L}\int_{-L}^{L} X(x)\sin\left(\dfrac{n2\pi x}{2L}\right)\mathrm{d}x \end{cases} \tag{3-30}$$

注意，要找到 $X(x)$ 的非振荡分量（直流项）的值，只需对函数直接进行积分即可；此时也可认为"测试函数"为常数值 1，通过积分得到 $X(x)$ 的平均值。下例帮助我们了解如何运用这些表达式。

例 3.4 验证图 3-16 中三角波的傅里叶系数。假设空间周期 $(2L)$ 为 1m，$X(x)$ 的单位也是 m。

解：回顾对此例三角波的讨论，已经知道直流项系数（A_0）和余弦系数（A_n）应该是非零的，而正弦系数（B_n）均须为零（这个波是一个平均值不是零的偶函数）。可以用式（3-30）来验证这些结论。但首先要给出 $X(x)$ 的周期和 $X(x)$ 的方程。

直接从图 3-16 就能读出周期：该波形以 1m 的周期进行重复。由于傅里叶级数用 $2L$ 表示空间周期，这意味着 $L = 0.5m$。要确定 $X(x)$ 的方程，由图可知该函数由直线组成，而直线方程是 $y = mx + b$，m 是直线的斜率，b 是 y 轴截距（直线与 y 轴相交点对应的 y 值）。

我们可以针对图中任一完整的周期进行分析，但多数情况下可以选择以 $x = 0$ 为中心的周期以节省时间、降低运算难度（你将在本例后面看到这样做的原因）。因此，不用考虑顶点在上的三角形波形对应的周期（如图中 $x = 0$ 和 $x = 2L$ 之间的三角形），仅考虑 $x = -L$ 和 $x = L$ 之间的倒三角形（顶点在底部）波形就可以了。

所分析的波形在 $x = -L = -0.5$ 和 $x = 0$ 之间直线的斜率为 -2（该线段"跃升" -1、"横跨" 0.5，则跃升距离/横跨距离为 $-1/0.5 = -2$），y 轴截距为零。因此这部分 $X(x)$ 方程是 $X(x) = mx + b = -2x + 0$。在 $x = 0$ 和 $x = L = 0.5$ 之间进行类似分析，得出第二部分方程为 $X(x) = mx + b = 2x + 0$。将 $X(x)$ 这些方程代入 A_0 方程，得到

$$A_0 = \frac{1}{2L} \int_{-L}^{L} X(x)\,\mathrm{d}x = \frac{1}{2(0.5)} \left[\int_{-0.5}^{0} -2x\,\mathrm{d}x + \int_{0}^{0.5} 2x\,\mathrm{d}x \right]$$

$$= (1) \left[-2\left(\frac{x^2}{2}\right) \Big|_{-0.5}^{0} + 2\left(\frac{x^2}{2}\right) \Big|_{0}^{0.5} \right] = 0 - (-0.25) + 0.25 - 0$$

$$= 0.5$$

对于 A_n 方程，得到

$$A_n = \frac{1}{L} \int_{-L}^{L} X(x) \cos\left(\frac{n2\pi x}{2L}\right) dx$$

$$= \frac{1}{0.5} \left[\int_{-0.5}^{0} -2x\cos(2n\pi x) dx + \int_{0}^{0.5} 2x\cos(2n\pi x) dx \right]$$

用分部积分法（或在积分表中查找 $\int x\cos(ax) dx$），可知 $\int x\cos(ax) dx = (x/a)\sin(ax) + (1/a^2)\cos(ax)$，关于 A_n 方程演化为

$$A_n = \frac{-2}{0.5} \left[\frac{x}{2n\pi}\sin(2n\pi x) \Big|_{-0.5}^{0} + \frac{1}{4n^2\pi^2}\cos(2n\pi x) \Big|_{-0.5}^{0} \right] +$$

$$\frac{2}{0.5} \left[\frac{x}{2n\pi}\sin(2n\pi x) \Big|_{0}^{0.5} + \frac{1}{4n^2\pi^2}\cos(2n\pi x) \Big|_{0}^{0.5} \right]$$

$$= \frac{-2}{0.5} \left[0 - \frac{-0.5}{2n\pi}\sin(2n\pi(-0.5)) + \frac{x}{4n^2\pi^2}(1 - \cos(2n\pi(-0.5))) \right] +$$

$$\frac{2}{0.5} \left[\frac{0.5}{2n\pi}\sin(2n\pi(0.5)) - 0 + \frac{1}{4n^2\pi^2}(\cos(2n\pi(0.5)) - 1) \right]$$

因 $\sin(n\pi) = 0$ 和 $\cos(n\pi) = (-1)^n$，故

$$A_n = \frac{-2}{0.5} \left[0 - 0 + \frac{1}{4n^2\pi^2}(1 - (-1)^n) \right] + \frac{2}{0.5} \left[0 - 0 + \frac{1}{4n^2\pi^2}((-1)^n - 1) \right]$$

$$= \frac{-4}{0.5} \left[\frac{1}{4n^2\pi^2}(1 - (-1)^n) \right] = \left[\frac{-2}{n^2\pi^2}(1 - (-1)^n) \right]$$

$$= \frac{-4}{n^2\pi^2} \ (n \text{ 为奇数时})$$

确定该波形的 B_n 系数则要相对容易得多。因为

$$B_n = \frac{1}{L} \int_{-L}^{L} X(x) \sin\left(\frac{n2\pi x}{2L}\right) dx$$

该式表明 B_n 必须为零。为何如此呢？原因在于本例 $X(x)$ 是偶函数，因其在 $-x$ 处的值与在 $+x$ 处的值相同。你也知道正弦函数是奇函数，$\sin(-x) = -\sin(x)$。偶函数（如 $X(x)$）与奇函数（如正弦函数）的乘积是奇函数。当你针对关于 $x = 0$ 对称的积分限求奇函数的积分时（形如 $\int_{-L}^{L}$），结果是零。因此，对于任意 n 值，B_n 必须等于零。这就是为什么本例在 $x = -L$ 和 $x = L$ 之间选择波形被积范围的好处。

另一个原因是 $\int_{-L}^{L}$（偶函数）$\mathrm{d}x = 2\int_{0}^{L}$（偶函数）$\mathrm{d}x$，由于 $X(x)$ 和余弦函数都是偶函数，所以 A_n 系数的计算也可以被简化。

故此，本例对图 3-16 所示三角波求出的傅里叶系数分别为

$$A_0 = \frac{1}{2},\ A_n = \frac{-4}{\pi^2 n^2},\ B_n = 0$$

上述结果与图 3-16 已给出的系数一致。我们可用本章课后习题来加强傅里叶系数的求解练习，并在本书网站找到完整的解答过程。

本节下一主题是从周期波形的离散傅里叶分析过渡到连续傅里叶变换。在学习之前，花点时间考虑一下傅里叶级数表达式（式（3-25））的不同形式。为获得级数不同表达式，用第 1 章欧拉关系将式（3-25）的正弦和余弦函数展开为复指数。通过代数运算，得到 $X(x)$ 的另一种级数表达式：

$$X(x) = \sum_{n=-\infty}^{\infty} C_n \mathrm{e}^{[\,n2\pi x/(2L)\,]} \tag{3-31}$$

该式系数 C_n 是由 A_n 和 B_n 组合而成的复数值。具体地说，$C_n = \dfrac{1}{2}$ $(A_n \mp B_n)$，用下式可基于 $X(x)$ 求出 C_n：

$$C_n = \frac{1}{2L}\int_{-L}^{L} X(x)\,\mathrm{e}^{-\mathrm{i}[\,n2\pi x/(2L)\,]}\,\mathrm{d}x \tag{3-32}$$

复数形式的傅里叶级数并没有新的物理含义，但这种形式的方程使我们能更容易地理解傅里叶变换与傅里叶级数的关系。

要理解这种关系，请考虑周期性波形（即在有限的空间间隔或时间间隔后，重现自身的波形）和非周期性波形（无论在何处或何时，波形都不会重现自身）之间的差异。周期波形可以用离散的空间频谱（即许多波数具有零振幅的频谱）来表示，如图 3-13 所示。

图 3-20 揭示了周期波形只包含特定频率分量的原因。此图给出了方波前三个空间频率分量。可以注意到，在方波发生波形重现的位置，图中各正弦分量均在相同位置重现波形（尽管高频分量在相对靠前的位置就已有了波形的重现）。任何在此点不能重现波形的正弦波都不可能是构成方波的分量，因将其混频叠加后，会导致方波在这个

位置不再重复。

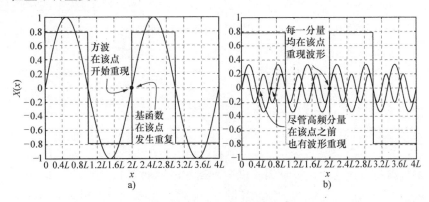

图 3-20　方波和分量波的周期

　　这意味着周期性波形的每一波数分量必须在叠加所得波形的一个周期间隔内具有整数个周期。如果合成波形的空间周期是 2L，则构成该波形的空间频率分量只能具有 2L、2L/2 或 2L/3 等波长。周期为 2L/1.5 或 2L/3.2 的波不可能成为周期为 P 的波形的频率分量。这就是为什么周期波形的频谱看起来像一系列尖峰而非连续函数的原因。

　　以如图 3-21 所示矩形脉冲序列的波数谱为例，下面将讨论该波数谱的包络形状 $K(k)$。首先要注意在许多波数处谱振幅为零。这是因为组成该矩形脉冲序列的空间频率分量在矩形波周期内也须发生重复，而大多数波数分量不能实现此条件，故它们的振幅必须为零。如果图中矩形脉冲序列的空间周期是 2L，那么构成该脉冲序列的空间频率分量的波长（λ）必须是 2L、2L/2、2L/3 等。由于波数等于 $2\pi/\lambda$，因此这些空间频率分量在频谱中对应的波数就为 $2\pi/2L$、$4\pi/2L$、$6\pi/2L$ 等等。各波数分量的间距为 $2\pi/(2L)$。

　　不同于上述脉冲序列的频谱，图 3-22 给出了单个非重复脉冲的频谱。由于该波形并不重复，故其频谱是一个连续函数。为理解该现象，该单个脉冲周期 P 可认为是无穷大，而构成该波形各频率分量的间距与 1/P 成正比。由于 $1/\infty = 0$，因此非周期波形的各频率分量彼此无限接近，故频谱是连续的。

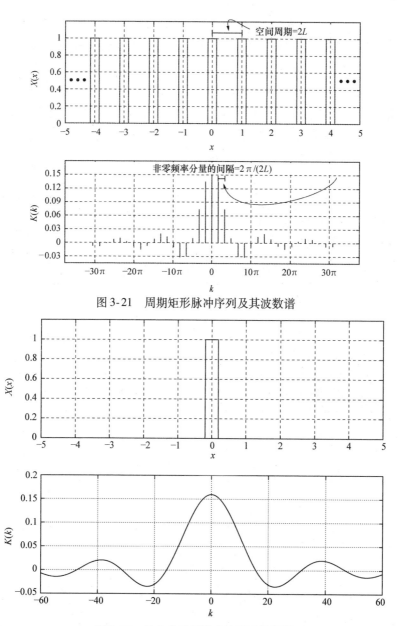

图 3-21 周期矩形脉冲序列及其波数谱

图 3-22 单个非重复脉冲波形及其频谱

图 3-22 中函数 $K(k)$ 在许多应用领域中非常重要，被称为 "sin (x) 除以 x" 或标识为 "sinc x"，其可通过连续傅里叶分析（也称为傅里叶变换）获得。

如同离散傅里叶分析，傅里叶变换的目的是给出给定波形 $X(x)$ 或 $T(t)$ 的波数分量或频率分量。该变换与上述 "乘积 – 积分" 过程密切相关，表现在傅里叶变换的数学形式中，为

$$K(k) = \frac{1}{\sqrt{2\pi}} \int_{-\infty}^{\infty} X(x) e^{-i(2\pi x/\lambda)} dx = \frac{1}{\sqrt{2\pi}} \int_{-\infty}^{\infty} X(x) e^{-ikx} dx$$

(3-33)

其中，$K(k)$ 是 $X(x)$ 频谱的波数（空间频率）函数。当 $X(x)$ 存在于 "距离域"，则连续函数 $K(k)$ 存在于 "空间频率域"。$K(k)$ 的振幅与构成 $X(x)$ 的每一空间频率分量的相对含量成正比，$K(k)$ 和 $X(x)$ 被称为傅里叶变换对。这种关系通常写成 $X(x) \leftrightarrow K(k)$，由傅里叶变换建立联系的两个函数有时也称为 "共轭变量"。

注意，连续形式的傅里叶变换表达式中并没有 n，这说明连续傅里叶变换不再受基频倍数的限制。

如果有一个空间频域函数 $K(k)$，我们可以用傅里叶逆变换来确定相应的距离域函数 $X(x)$。傅里叶逆变换是傅里叶级数离散叠加过程的连续性推广，傅里叶逆变换与傅里叶变换的区别仅在于指数的符号：

$$X(x) = \frac{1}{\sqrt{2\pi}} \int_{-\infty}^{\infty} K(k) e^{i(2\pi x/\lambda)} dk = \frac{1}{\sqrt{2\pi}} \int_{-\infty}^{\infty} K(k) e^{ikx} dk$$

(3-34)

对于形如 $T(t)$ 的时域函数，也有相应傅里叶变换过程，给出频率函数 $F(f)$ 为

$$F(f) = \int_{-\infty}^{\infty} T(t) e^{-i(2\pi t/T)} dt = \int_{-\infty}^{\infty} T(t) e^{-i(2\pi ft)} dt \quad (3-35)$$

例 3.5 求以 $x = 0$ 为中心、间隔 $2L$ 且高度为 A 的单个矩形脉冲 $X(x)$ 的傅里叶变换。

解：该脉冲是空间域函数，可用式（3-33）将 $X(x)$ 转换为 K

(k)。$X(x)$ 在 $x = -L$ 和 $x = L$ 之间具有振幅 A，而在所有其他位置均为零振幅，因此

$$K(k) = \frac{1}{\sqrt{2\pi}} \int_{-\infty}^{\infty} X(x) e^{-ikx} dx = \frac{1}{\sqrt{2\pi}} \int_{-L}^{L} A e^{-ikx} dx$$

$$= \frac{1}{\sqrt{2\pi}} A \frac{1}{-ik} e^{-ikx} \Big|_{-L}^{L} = \frac{1}{\sqrt{2\pi}} A \frac{1}{-ik} \left[e^{-ikL} - e^{-ik(-L)} \right]$$

$$= \frac{1}{\sqrt{2\pi}} \frac{2A}{k} \left[\frac{e^{-ikL} - e^{ikL}}{-2i} \right] = \frac{1}{\sqrt{2\pi}} \frac{2A}{k} \left[\frac{e^{ikL} - e^{-ikL}}{2i} \right]$$

依据欧拉关系，上式带方括号的项等于 $\sin(kL)$，所以

$$K(k) = \frac{1}{\sqrt{2\pi}} \frac{2A}{k} \sin(kL)$$

用 L/L 乘以上式，得到

$$K(k) = \frac{A(2L)}{\sqrt{2\pi}} \left[\frac{\sin(kL)}{kL} \right]$$

这就解释了图 3-22 中矩形脉冲波数谱所具有的 $\sin(x)/x$ 的形状。

矩形脉冲与 $\sin(x)/x$ 函数组成了傅里叶变换对，这是一个非常重要的概念。可以通过分析图 3-23 所示宽脉冲的波数谱，研究此概念有何用处。

将宽脉冲的频谱与图 3-22 中较窄脉冲的频谱进行比较，就会发现较宽脉冲的波数谱 $K(k)$ 较窄（即，宽脉冲的 $\sin(x)/x$ 函数的主瓣宽度比窄脉冲的窄）。脉冲越宽，则波数谱就越窄（尽管波数谱幅度也会变高，但主要是在其宽度变化中包含着一些有趣的物理现象）。

这种物理现象被称为"不确定性原理"。如果你学过现代物理学，可能会遇到这种情况（通常称之为"海森堡不确定性原理"）。但不确定性原理并不局限于量子力学领域，它描述了任何函数与其傅里叶变换之间的关系，如 $X(x) \leftrightarrow K(k)$ 或 $T(t) \leftrightarrow F(f)$。

测不准原理到底能告诉我们什么呢？其原理是：如果某函数在一个域中较窄，则该函数的傅里叶变换就不可能也窄。因此，短时脉冲的频谱不能很窄（因为该脉冲需要包含大量的高频分量才能使脉冲上

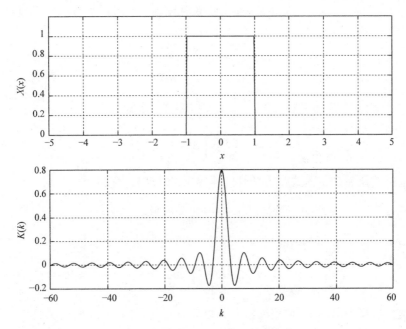

图 3-23　宽脉冲的波形及其波数谱

升后迅速下降）。如果有一个非常窄的频谱（例如，在某单一频率上有一个非常尖锐的尖峰），则其傅里叶逆变换给出一个可以延伸到很大距离或很长时间的函数。

这就是为什么从来不能产生一个真正的单频信号——因这种脉冲必须一直持续下去，没有开始或结束的时间。从某单一频率的正弦波或余弦波中取出一小块，可以得到一个时间有限信号。如果这个时间范围是 Δt，那么该信号的频谱宽度将约为 $1/\Delta t$。对该波取一非常窄的样本（即令 Δt 非常小），就能获得一个非常宽的频谱。

时域和频域不确定度原理的数学表述是：

$$\Delta f \Delta t = 1$$

式中，Δf 表示频域函数宽度，Δt 表示时域函数宽度。在距离/波数域，对不确定性原理进行推广得到：

$$\Delta x \Delta k = 2\pi$$

式中，Δx 表示距离域函数的宽度，Δk 表示波数域函数的宽度。

这些不确定性关系告诉我们，不可能同时精确地知道时间和频率。如果对时间进行了精确测量（Δt 很小），就不能同时非常精确地知道频率（只有 Δf 很大，才能满足 Δf 与 Δt 的乘积等于1）。同样，如果你非常精确地知道位置（Δx 很小），就不能同时非常精确地测得波数（Δk 会很大）。这一原理在第 6 章应用于量子波时会产生重要影响。

关于傅里叶理论的最后一点：尽管傅里叶本人用正弦和余弦函数作基函数（基函数是能产生其他函数的函数），但也可以用其他正交函数作基函数（它们必须是正交的，否则使用本节方法就不能找到系数）。你可能会发现有其他一些基函数，能用较少的项就可以更好的近似出正在合成或分析的波形。小波（wavelet）就是基函数的一个实例，可以在本书网站找到小波知识的链接。

3.4　波包和色散

一旦掌握了叠加和傅里叶合成的概念，就可进一步学习波包和色散。上一节已经讲到，空间或时间域的周期性脉冲序列可通过离散频率分量进行适当组合而成，而单个非周期性脉冲也可由频域的连续函数产生。

你可能已经注意到用于傅里叶合成和分析的函数通常是空间域函数（如 $X(x)$）或时域函数（如 $T(t)$）。但波传输中，波函数同时涉及了空间和时间，形如 $f(x-vt)$。那么傅里叶级数和傅里叶分析这样的工具能用于这样的函数吗？

答案是可用。但将傅里叶概念应用于传输的波会引致比较复杂的情况。具体地说，考虑一下如果构成合成波形的不同频率分量其传播速度不同可能会产生的影响。在上一节中，我们已了解为合成所需波形而如何确定其正弦和余弦分量合适的振幅和频率。但进一步考虑这些频率成分（对脉冲方波，频率成分是奇次正弦波）的相位时，经回顾图 3-11，你会发现每一频率分量周期复现波形都始于正弦函数为零的点，然后移动到正值点（称为正向过零）。所以在这种情况下，每一频率分量都有相同的起始相位。

现在想象一下随时间的推移会发生什么？如所有频率分量均以相同的速度传播，则这些分量之间的相对相位保持不变，波包就会保持其形状（有时称为"包络"），并以与单个频率分量相同的速度进行移动。

但如果波形（如果在时间和空间中局域化，则称为"波包"）所包含的各频率分量有不同速度，则各分量的相对相位随着距离而发生变化，分量叠加就形成了不同的形状，波包的包络速度将不同于频率分量的速度。

图 3-24 给出一个例子。该图左侧三个频率分量因具有合适的振幅和频率，而在某初始位置和初始时间叠加形成一个方波脉冲。但是当三个分量波传播时，如其速度不同，则在不同的位置各分量波之间的相对相位将发生改变，进而通过叠加将得到不同的波形。在图 3-24 右下角可见因相对相位变化而产生的结果：所合成波形的形状随距离而变化。

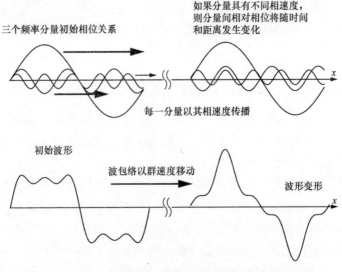

图 3-24　因频率分量相速度差异而产生色散

这种效应称为"色散"。存在色散时，每一单独频率分量的速度称为该分量的相速度或相速，而波包包络的速度称为群速度或群速。

有一种相对简单的方法可用来确定波包的群速度。为理解这一方法，考虑当两个具有相同振幅但频率略有不同的波分量叠加时会发生什么。

图 3-25 给出一个例子。在该图底部，这两个分量波起始时同相，因叠加增强而合成出较大波形。由于两分量波的频率稍有不同，两者很快就不再同相。当相位差达到 180° 时（即完全反相时），因叠加相消导致所合成波形的振幅变得非常小。但随着两个分量波继续前进，在某一点会再次具有零相位差，合成波形将再次变大。

当所合成波形振幅如图 3-25 所示发生变化时，该波形称为被调制，这种特殊类型的调制被称为"拍频"。通过控制两个声源以稍微不同的频率发出同样强度的音调时，就可以听到这种效应。所合成声波的音量以"拍频"（等于两个分量波形的频率差）在响亮和柔和之间变化。传统的钢琴调音师同时敲击钢琴键和音叉，通过听拍频进行调音—钢琴键的频率越接近音叉的频率，拍频就越慢。

图 3-25 所示调制的包络为确定波包群速提供了一种简便方法。为了解其原理，写出两个分量波的相位为 $\phi = kx - \omega t$，但要注意每个波都有各自的 k 和 ω：

$$\phi_1 = k_1 x - \omega_1 t$$
$$\phi_2 = k_2 x - \omega_2 t$$

则波的相位差为

$$\Delta\phi = \phi_2 - \phi_1 = (k_2 x - \omega_2 t) - (k_1 x - \omega_1 t) = (k_2 - k_1)x - (\omega_2 - \omega_1)t$$

给定波的相位差（$\Delta\phi$），两个波经相加而得到波包络的值。要确定包络移动的速度，须分析时间增量（Δt）和距离增量（Δx）的影响。在此时间内，两分量波均移动一定距离，但如果追踪合成波上的一点，该点两分量波之间相对相位必须相同，仍为 $\Delta\phi$。因此，时间 Δt 的推移而产生的任何变化均须通过因 Δx 变化所致相变进行补偿。即

$$(k_2 - k_1)\Delta x = (\omega_2 - \omega_1)\Delta t$$

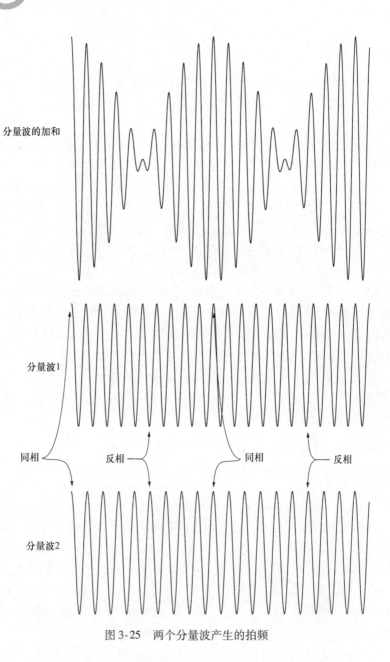

图 3-25　两个分量波产生的拍频

或
$$\frac{\Delta x}{\Delta t} = \frac{\omega_2 - \omega_1}{k_2 - k_1} \tag{3-36}$$

$\Delta x/\Delta t$ 是包络移动的距离除以所花时间，这就是群速度。式（3-36）适用于仅有两个波的情况。对于一族波，若各波的波数聚于平均波数 k_a 附近，则通过对 $\omega(k)$ 进行泰勒级数展开，可得出一个更一般的表达式，即：

$$\omega(k) = \omega(k_a) + \frac{d\omega}{dk}\Big|_{k=k_a}(k-k_a) + \frac{1}{2!}\frac{d^2\omega}{dk^2}\Big|_{k=k_a}(k-k_a)^2 + \cdots$$

当波数差很小时，展开式的高阶项可忽略不计，故上式写作

$$\omega(k) \approx \omega(k_a) + \frac{d\omega}{dk}\Big|_{k=k_a}(k-k_a)$$

或
$$\frac{\omega(k) - \omega(k_a)}{k - k_a} \approx \frac{d\omega}{dk}\Big|_{k=k_a}$$

因此
$$v_{group} = \frac{\omega(k) - \omega(k_a)}{k - k_a} \approx \frac{d\omega}{dk}\Big|_{k=k_a}$$

所以波包的群速为 $v_{group} = d\omega/dk$，而波分量的相速为 $v_{phase} = \omega/k$。

在处理色散时，很可能会遇到 ω 对应垂直轴、k 对应水平轴的图。如果不存在色散，则波的角频率 ω 通过方程 $\omega = c_1 k$ 与波数 k 关联起来；c_1 代表传播速度，其在所有 k 值上均为常数。如图 3-26 所示，此种情况的色散图是线性的。

非色散情况下，相速度 ω/k 在所有 k 值处均相同，并且与群速度 $d\omega/dk$ 相同。

当存在色散时，分量波相速度与波包群速度之间的关系取决于色散的性质。在关于量子波的一个重要例子中（第 6 章将学到），角频率与波数的平方成正比（$\omega = c_2 k^2$）。

图 3-27 给出上式 ω 与 k 的关系。该例中，相速度和群速度均随波数 k 增加而增大。为得到相速度，根据 $v_{phase} = \omega/k$，得到：

$$v_{phase} = \frac{\omega}{k} = \frac{c_2 k^2}{k} = c_2 k$$

而对于群速度

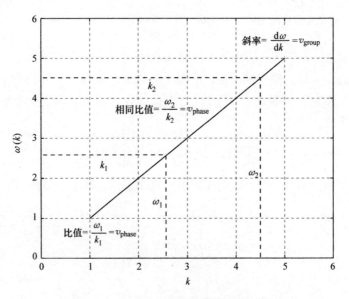

图 3-26 $\omega = c_1 k$ 情况下的线性色散关系

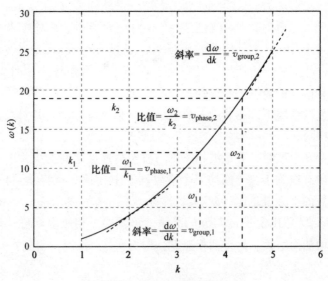

图 3-27 $\omega = c_2 k^2$ 下的色散关系

$$v_{\text{group}} = \frac{\mathrm{d}\omega}{\mathrm{d}k} = \frac{\mathrm{d}(c_2 k^2)}{\mathrm{d}k} = 2c_2 k$$

这表明群速是相速度的两倍。依据图 3-28 给出 v_{phase} 和 v_{group} 与 k 的关系，v_{phase} 和 v_{group} 都随 k 线性增加的，但所有 k 值处 v_{group} 始终是 v_{phase} 的 2 倍。

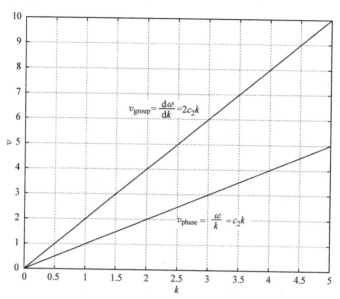

图 3-28　$\omega = c_2 k^2$ 下的相速度和群速度

3.5　习题

3.1　证明表达式 $C\sin(\omega t + \phi_0)$ 等价于 $A\cos(\omega t) + B\sin(\omega t)$，并用 A 和 B 写出 C 和 ϕ_0 的表达式。

3.2　绘制函数 $X(x) = 6 + 3\cos(20\pi x - \pi/2) - \sin(5\pi x) + 2\cos(10\pi x + \pi)$ 的双边波数谱。

3.3　求某周期函数的傅里叶级数表示；当 x 在 $-L$ 和 $+L$ 之间时，其中一个周期由 $f(x) = x^2$ 给出。

3.4 验证图 3-15 所示周期三角波的系数 A_0、A_n 和 B_n。

3.5 如果拨动而不是敲击一根两端固定的弦（具有非零初始位移、零初始速度），推导位置 x 和时间 t 处的位移为

$$y(x,t) = \sum_{n=1}^{\infty} B_n \sin\left(\frac{n\pi x}{L}\right)\cos\left(\frac{n\pi vt}{L}\right)$$

3.6 如果初始位移由图 3-29 所示函数给出，则求上一个问题拨动弦的 B_n 系数：

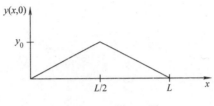

图 3-29 习题 3.6 图

3.7 求锤击弦的 B_n 系数；初始位移为零、初始速度函数如图 3-30 所示：

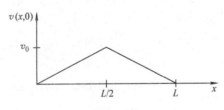

图 3-30 习题 3.7 图

3.8 求高斯函数 $T(t) = \sqrt{\alpha/\pi}\,e^{-\alpha t^2}$ 的傅里叶变换。

3.9 证明傅里叶级数复指数形式（式（3-31））与正弦和余弦形式（式（3-25））相等。

3.10 在一定条件下，深水波的色散关系为 $\omega = \sqrt{gk}$，其中 g 为重力加速度。比较这类波的群速度和相速度。

第4章

机械波方程

本书详细讨论了三种不同类型波的波动方程；本章介绍机械波，第5章讨论电磁波，第6章专注量子力学波。后3章经常会用到第1至3章讲述的概念和方程；如果你跳过了前边章节，但又发现需要用到一些基础知识以便对某一问题进行深入理解，那么请在前几章找到对应的知识点。

本章布局很简单，第4.1节概述机械波特性，然后对两种类型机械波进行讨论：绳上横波（第4.2节）和纵向压强波（第4.3节）。第4.4节则讨论了机械波的能量和功率，第4.5节讨论机械波的反射和透射。

4.1 机械波特性

我们的世界充满了第5章所述的电磁波，我们自身则由第6章量子力学波描述的粒子组成，但当你让大多数人描述波时，他们能想到的是本章所述机械波。这可能是因为许多类型的机械波的波动可以被直接观察到。对于机械波来说，波动来源于原子、分子或连接在一起的粒子等物质，这意味着机械波只能存在于物理材料中（称为波传播的"介质"）。

对于机械波中的绳波（弦波），波的扰动行为表现为物质相对未受干扰（平衡）位置发生的物理位移。在这种情况下，扰动有距离量纲，国际单位制为米（m）。对于其他机械波，比如压强波，你可能会用到波扰动的其他量。例如在声波中，扰动为介质密度的变化或介质内压强相对其平衡值的变化。压强波的"位移"表现为密度涨落

（国际单位为 kg/m^3）或压强变化（国际单位制为 N/m^2）。

所有机械波的共性是其需要某种物理介质才能存在（1979 年科幻电影《异形》的宣传语是正确的：在太空中，没有人能听到你的尖叫）。无论何种介质，材料的两个特性对机械波的传播有着至关重要的影响。这些特性就是材料的"惯性"和"弹性"。

材料的惯性与材料的质量（对于离散介质）或质量密度（用于连续介质）有关。"惯性"描述了所有质量对加速度的抗拒趋势。具有较大质量的材料比小质量的材料更难移动（一旦移动也更难减速）。正如我们在本章后面会看到的，介质的质量密度影响了机械波的传播速度和色散以及源将波能量耦合到介质中的能力（称为介质的"阻抗"）。

材料的弹性与回复力有关，回复力驱动发生位移的粒子向平衡位置返回。如同橡皮筋或弹簧，一个介质也可以是弹性的：被拉伸时，介质粒子从平衡位置移开，介质就会产生回复力（如果没有恢复力，就无法在介质中形成机械波）。可把此过程看作是对介质硬度的测量：因回复力过强，坚硬的橡皮筋和弹簧更难拉伸。回复力的强度与质量密度一起决定了介质对波的传播速度、色散和阻抗。

在考虑机械波波动方程之前，应先了解单个粒子的运动和波动的区别。当波经过时，介质受到扰动，这意味着介质中粒子从其平衡位置发生位移，但这些粒子不会远离其平衡位置。粒子仅在平衡位置附近振荡，波不像气流或洋流那样将物质从一个位置输送到另一个位置，并未携带粒子前进。对于机械波，波经一个周期或超过一百万个周期后，对材料产生的净位移为零。问题就是，如果粒子没有被波携带运动，那么实际上是什么以波的速度运动呢？正如你在第 4.4 节中看到的，答案是能量。

尽管单个粒子在介质中位移很小，但粒子运动方向非常重要。依据粒子运动的方向，通常将波分为横波或纵波（但在像海浪这样的某些波中，粒子既有横向也有纵向的运动）。在横波中，粒子运动方向与波的运动方向垂直。这意味着，在本书页面向右移动的横波，每一粒子会在页面上下或里外移动，但不会向左或向右移动。在纵波中，介质粒子沿与波的运动方向相平行和相反的方向运动。所以，对于本书页面向右移动的纵波，粒子会左右移动。在给定介质中能存在的波的类型取决于波源和回复力的方向，我们将在第 4.2 节对绳的横波和第 4.3 节对纵向压强波进行讨论。

4.2　绳波（弦波）

如果你在其他书上或网上读过机械波的内容，很可能会遇到涉及在拉伸的绳上（或弹簧上）横波的讨论。最常见情况，一根水平的绳通过敲击或拨动，使绳的某一部分从平衡位置发生垂直位移。你可能也看到过通过上下抖动绳子的一端而产生波。以下的分析适用于这些情况。

有几种不同的方法可用来分析这种类型的运动，但本书作者认为最直接的方法是基于牛顿第二定律，将一段绳上的张力与该段绳的加速度联系起来。通过这种分析，可以得到经典波动方程的表述形式，用以阐释绳段（绳元）如何移动，以及绳的惯性和弹性如何决定所产生的波的速度。

为此，考虑一段具有均匀线密度（每单位长度上的质量）的绳，它已经从平衡（水平）位置发生位移，如图 4-1 所示。绳有弹性，因此当绳段发生位移时，绳两端产生张力，驱动绳段回到平衡位置。所以这根绳就像是一根被拉伸的弹簧。

当绳拉伸时，尽管单位长度上质量必将减小，但我们仅考虑由于拉伸而引起的线密度变化可忽略不计的情况。我们进一步限定垂直位移显著小于绳元的水平长度，故绳上各段与水平方向的夹角（θ）都很小。进一步假设所有其他的力（如重力）的影响与张力的影响相比可以忽略不计。

如图 4-1 所示，绳未受干扰时沿 x 轴（水平），位移方向沿 y 轴。当绳段偏离其平衡位置时，张力 $\vec{T}_1$ 作用于左端，$\vec{T}_2$ 作用于右端。在不知道绳的弹性和位移量的情况下，我们不能确定这些力的大小。但即使没有这些信息，也能推出一些有趣的物理现象。考虑图 4-2 所示张力 $\vec{T}_1$ 和 $\vec{T}_2$ 的 x 和 y 分量。

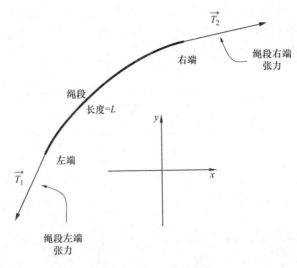

图 4-1　绳段上的张力

在图 4-2a 中，绳段左端与水平面的夹角为 θ_1，则张力 $\vec{T}_1$ 的 x 和 y 分量可分解为

$$T_{1,x} = -\mid \vec{T}_1 \mid \cos\theta_1$$

$$T_{1,y} = -\mid \vec{T}_1 \mid \sin\theta_1$$

同理，图 4-2b 中绳段右端与水平面的夹角为 θ_2，张力 $\vec{T}_2$ 的 x 和 y 分量为

$$T_{2,x} = \mid \vec{T}_2 \mid \cos\theta_2$$

$$T_{2,y} = \mid \vec{T}_2 \mid \sin\theta_2$$

下一步用牛顿第二定律，将作用在 x 方向上的合力写成该绳段的质量（m）乘以该绳段加速度的 x 分量（a_x），得

$$\sum F_x = -\mid \vec{T}_1 \mid \cos\theta_1 + \mid \vec{T}_2 \mid \cos\theta_2 = ma_x \qquad (4\text{-}1)$$

对于力和加速度的 y 分量，

$$\sum F_y = -\mid \vec{T}_1 \mid \sin\theta_1 + \mid \vec{T}_2 \mid \sin\theta_2 = ma_y \qquad (4\text{-}2)$$

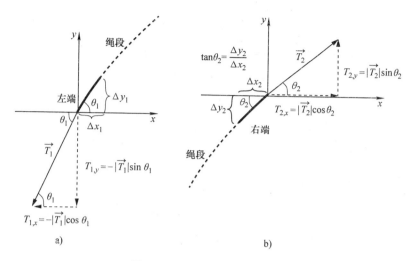

图 4-2　左右两端张力的分量

当绳段仅沿 y 方向上下振荡时，可以取 $a_x = 0$；如果振荡的振幅很小，那么 θ_1 和 θ_2 都很小，则

$$\cos\theta_1 \approx \cos\theta_2 \approx 1$$

代入这些近似值，并将 a_x 设为零，可得

$$\sum F_x \approx -|\vec{T_1}|(1) + |\vec{T_2}|(1) = 0$$

即

$$|\vec{T_1}| \approx |\vec{T_2}| \tag{4-3}$$

所以，绳两端张力大小近似相等。但由于两个力的方向不一样，因此力的 y 分量并不相等，这一差异对绳段的运动有着重要的影响。

图 4-2 给出了绳段左右两侧的斜率。斜率由下式给出

$$左端斜率 = \tan\theta_1 = \frac{\Delta y_1}{\Delta x_1}$$

$$右端斜率 = \tan\theta_2 = \frac{\Delta y_2}{\Delta x_2} \tag{4-4}$$

上述分析将该问题朝着经典波动方程推进了一步。在绳段的左端，仅考虑绳一个无穷小段，则 Δx_1 趋于零。据此，斜率转化为绳段左端 y 相对于 x 的偏导数：

$$\frac{\Delta y_1}{\Delta x_1} \longrightarrow \left[\frac{\partial y}{\partial x}\right]_{左}$$

对右端同样处理，让 Δx_2 趋于零，则有：

$$\frac{\Delta y_2}{\Delta x_2} \longrightarrow \left[\frac{\partial y}{\partial x}\right]_{右}$$

依据式（4-4），线段末端斜率分别等于 $\tan\theta_1$ 和 $\tan\theta_2$，当角度很小时，正切可用正弦近似：

$$\tan\theta_1 = \frac{\sin\theta_1}{\cos\theta_1} \approx \sin\theta_1$$

$$\tan\theta_2 = \frac{\sin\theta_2}{\cos\theta_2} \approx \sin\theta_2$$

这意味着式（4-2）正弦项可用正切近似，而正切相当于偏导数，故 y 方向上的合力可以写成

$$\sum F_y \approx -\ |\vec{T_1}|\left[\frac{\partial y}{\partial x}\right]_{左} + |\vec{T_2}|\left[\frac{\partial y}{\partial x}\right]_{右} = ma_y$$

由于 $a_y = \partial^2 y/\partial t^2$，故

$$m\frac{\partial^2 y}{\partial t^2} = -\ |\vec{T_1}|\left[\frac{\partial y}{\partial x}\right]_{左} + |\vec{T_2}|\left[\frac{\partial y}{\partial x}\right]_{右}$$

另外，在小振幅和均匀密度近似下，式（4-3）指出绳段左右两端的张力大小相等，可以写出 $|\vec{T_1}| = |\vec{T_2}| = T$：

$$m\frac{\partial^2 y}{\partial t^2} = T\left[\frac{\partial y}{\partial x}\right]_{右} - T\left[\frac{\partial y}{\partial x}\right]_{左}$$

或

$$\frac{\partial^2 y}{\partial t^2} = \frac{T}{m}\left\{\left[\frac{\partial y}{\partial x}\right]_{右} - \left[\frac{\partial y}{\partial x}\right]_{左}\right\}$$

上式大括号内表达式是左右两端绳斜率的变化量。这种变化可以用符号 Δ 表示：

$$\left\{\left[\frac{\partial y}{\partial x}\right]_{右} - \left[\frac{\partial y}{\partial x}\right]_{左}\right\} = \Delta\frac{\partial y}{\partial x}$$

则

$$\frac{\partial^2 y}{\partial t^2} = \frac{T}{m}\Delta\left(\frac{\partial y}{\partial x}\right)$$

推导出波动方程的最后一步是考虑绳段的质量（m）。如果绳的线密度为 μ、长度为 L，则绳质量为 μL。当绳段位移的振幅很小时，则 $L \approx \Delta x$。因此，绳段的质量可以写成 $m = \mu \Delta x$。上面方程整理为

$$\frac{\partial^2 y}{\partial t^2} = \frac{T}{\mu \Delta x} \Delta \left(\frac{\partial y}{\partial x} \right)$$

当 Δx 很小时，

$$\frac{\Delta (\partial y / \partial x)}{\Delta x} = \frac{\partial^2 y}{\partial x^2}$$

有

$$\frac{\partial^2 y}{\partial t^2} = \frac{T}{\mu} \left(\frac{\partial^2 y}{\partial x^2} \right)$$

或

$$\frac{\partial^2 y}{\partial x^2} = \frac{\mu}{T} \left(\frac{\partial^2 y}{\partial t^2} \right) \tag{4-5}$$

回顾第 2 章内容，上式看起来非常熟悉，左边为二阶空间导数、右边为二阶时间导数（除了常数因子外，右边无其他项）。这表明该方程与经典波动方程（式（2-5））具有相同形式，第 2 章和第 3 章所有结论都可用于绳波。

该波动方程蕴含着有趣的现象，这里的位移（y）是一个实际物理位移，式（4-5）左侧项（$\partial^2 y / \partial x^2$）表示绳的曲率。因此，将经典波动方程应用于绳时，绳任何一段的加速度（$\partial^2 y / \partial t^2$）与该段绳的曲率成正比。可以用绳左右两端斜率和张力 y 分量间的关系进行解释。绳如果没有曲率，则两端斜率相等，张力的 y 分量大小相等、方向相反。这会导致该段绳加速度为零。

我们可以通过比较式（2-5）与式（4-5）的乘数因子项来确定波的相速度。将相应因子设置为相等，有

$$\frac{1}{v^2} = \frac{\mu}{T}$$

故

$$v = \sqrt{\frac{T}{\mu}} \tag{4-6}$$

由此可见，绳波的相速既取决于绳的弹性（T），也取决于绳的惯性（μ）（绳是波的传播介质）。具体地说，绳张力越大，波传播越快

（因为 T 在相速表达式的分子上）；绳密度越高，波移动得越慢（因为 μ 在相速分母），所以如果绳 A 的张力是绳 B 的两倍，线密度也是 B 的两倍，则两绳中波的相速度将相等。

另请注意，式（4-6）给出的速度是沿着绳的波速（即沿水平方向），而不是绳段沿垂直方向的横向速度，横向速度由 $\partial y/\partial t$ 给出，可以通过求解波动方程的波函数 $y(x, t)$ 的时间导数来确定。

如何求波动方程的波函数解 $y(x, t)$ 呢？对问题须应用适当的初始条件和/或边界条件。第 3 章 3.1 和 3.2 节中曾给出一些例子。当时的讨论中波的相速度被简单地称为"v"，但现在我们知道速度是 $v = \sqrt{T/\mu}$。

经典波动方程的谐波（正弦和余弦）函数解对于绳的横波情况非常有指导意义，如下例所示。

例 4.1 比较绳上横波谐波的位移、速度和加速度。

解： 如果位移 $y(x, t)$ 由 $A\sin(kx - \omega t)$ 给出，则绳任何部分的横向速度由 $v_t = \partial y/\partial t = -A\omega\cos(kx - \omega t)$ 给出，横向加速度为 $a_t = \partial^2 y/\partial t^2 = -A\omega^2\sin(kx - \omega t)$。注意，由于 kx 项的符号与 ωt 项的符号相反，故该波沿着正 x 方向移动。在同一图上绘出位移、横向速度和横向加速度，如图 4-3 所示，揭示了绳波一些有趣特性。此图是 $t = 0$ 时 y，v_t 和 a_t 的快照，角频率取 $\omega = 1$ 以便将这三条曲线缩放到相同垂直范围。

将三条线置于同一图的原因是有助于观察在任何位置处同一时刻的位移、速度和加速度之间的关系。例如，考虑位置 x_1 处的绳段，其位移具有正最大值（$y(x, t)$ 波形的第一个正峰值）。在该绳段达到最大位移的瞬间（$t = 0$），速度图显示该段横向速度为零。在此瞬间，该绳段从向上（离开平衡位置）移动将要转换为向下（回到平衡位置）移动，其达到了相对于平衡位置的最高点并停止了运动。

现在观察同一绳段的加速度图。当位移为正最大值且横向速度为零时，绳段的横向加速度为负的最大值。其原因是当绳段处在相对于平衡位置的最大位移时，回复力（张力）也处于最大值，并且该力的方向指向平衡位置（当绳段位于平衡位置上方时，该力向下）。由于作用在绳段上的力与绳段的加速度成正比，因此最大的负向力意味着最大的负加速度。

接下来，考虑 x_2 位置处的绳段。在时间 $t = 0$ 时，该绳段正通过平衡位置，其位移（y）为零。根据速度图，该段的速度达到峰值，即当该绳段通过平衡位置时，其速度为正的最大值。此时的张力完全水平（没有 y 分量），故该段的横向加速度（a_y）为零。

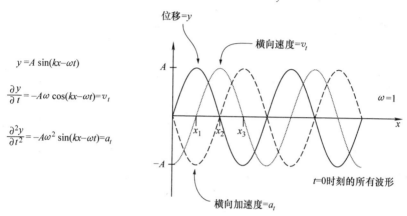

$$y = A\sin(kx - \omega t)$$

$$\frac{\partial y}{\partial t} = -A\omega\cos(kx - \omega t) = v_t$$

$$\frac{\partial^2 y}{\partial t^2} = -A\omega^2\sin(kx - \omega t) = a_t$$

图 4-3　谐波绳波的时间导数

同样分析也适用于 x_3 位置的绳段，该段具有最大的负向位移、零横向速度和最大的正加速度。

分析图 4-3 易犯的错误是经常认为位置 x_2 处的绳段正在从正位移（高于平衡位置）转换为负位移（低于平衡位置）。但请注意，这个波是向右移动的，我们看到的是时间 $t = 0$ 时波的快照。故在稍后时刻，波将向右移动，位置 x_2 的绳将高于平衡位置；该绳段将具有正位移（$y > 0$）。该绳段沿 y 正方向移动，这就是图中所示的瞬间在 x_2 处的速度有正最大值的原因。

许多学生发现掌握绳上横波有助于理解其他各种类型的波动现象，包括纵向压强波（在第 4.3 节中讲述），甚至是量子波（第 6 章的主题）。本节另一个有意义的问题是线质量密度（μ）或张力（T）发生变化会有何影响；换句话说，如果绳不均匀，上述分析有何变化？

将密度和张力均视为 x 的函数：$\mu = \mu(x)$ 和 $T = T(x)$，绳特性随距离发生变化。据此，通过类似的分析，推出修正的波动方程：

$$\frac{\partial^2 y}{\partial t^2} = \frac{1}{\mu(x)} \frac{\partial}{\partial x}\left[T(x)\frac{\partial y}{\partial x}\right]$$

请注意，张力 $T(x)$ 不能移出空间导数项，张力与密度的比率可能也不再是常数。一般来说，该方程解的空间部分是非正弦的；这就是为什么我们会学到正弦空间波函数是均匀介质的特征。这与非均匀介质中的量子波可进行有趣的类比。

<h2>4.3 压强波</h2>

绳上横波的许多重要概念和方法也可应用于纵向压强波。这类波似乎没有标准术语，只要介质中存在波源（如音叉的振动、活塞的摆动或扬声器振膜的振动）导致物在波传播方向上发生物理位移、压缩或扩散，这样的波即为"压强波"。

我们可以在图4-4中观察压强波的产生过程。当机械波源在介质中移动时，其推动邻近的物质，临近部分的材料离开源并被压缩（即相同数量的物质被压缩进更小的体积，因此该部分密度增加）。密度增加的这一部分物质对其相邻部分施加压力，通过这种方式就会产生一个脉冲（如果源施加单一推力）或一个谐波（如果源来回振荡）并在物质中传播。

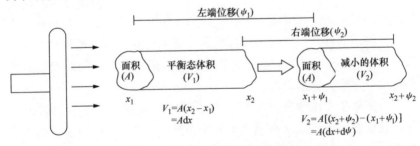

图4-4 物质局部的位移和压缩

这种波的扰动包含三个特点：材料的纵向位移、材料密度的变化和材料内部压强的变化，所以压强波也可以被称为"密度波"甚至是"纵向位移波"。当你在物理和工科书籍中看到波扰动的图形时，要弄明白是哪一个量对应波"位移"。

图 4-4 给出一维波的运动（也就是说，波只沿 x 轴传播）。但是压强波存在于三维介质中，因此体积质量密度 ρ 而不是线质量密度 μ（用于上一节对绳的分析）将决定介质的惯性。但正如我们将绳运动限制在小角度并且只考虑位移横向分量一样，我们假设压强和密度相对于平衡值的变化很小，并且只考虑纵向位移（通过在 x 方向上改变材料尺度，来实现压缩或扩张）。

基于牛顿第二定律将材料的加速度与作用在该材料上的合力联系起来，利用分析绳上横波相似的方法来确定该类波的波动方程。为此，定义任一位置的压强（P）、平衡位置的压强 P_0 和波所致压强增量变化（$\mathrm{d}P$），则

$$P = P_0 + \mathrm{d}P$$

同理，任一位置的密度（ρ）可以用平衡密度（ρ_0）和波所致密度增量变化（$\mathrm{d}\rho$）来表示：

$$\rho = \rho_0 + \mathrm{d}\rho$$

在用牛顿第二定律将这些量与介质中物质的加速度联系起来之前，有必要先熟悉一下体积压缩的术语和方程。正如你所想象的，当外部压力作用于材料时，该材料的体积（以及密度）的变化程度取决于材料性质。将空气体积压缩 1% 需要压强增加约 1000Pa（帕斯卡，或 $\mathrm{N/m^2}$），而将钢的体积压缩 1% 则需要施加 10 亿 Pa 以上的压强。物质的可压缩性定义为"体积模量"（通常用 K 或 B 表示，单位为帕斯卡）的倒数，体积模量将压强增量变化（$\mathrm{d}P$）与材料密度的相对变化（$\mathrm{d}\rho/\rho_0$）联系了起来：

$$K \equiv \frac{\mathrm{d}P}{\mathrm{d}\rho/\rho_0} \tag{4-7}$$

或

$$\mathrm{d}P = K\frac{\mathrm{d}\rho}{\rho_0} \tag{4-8}$$

有了这一关系，就可进一步将牛顿第二定律用于材料了。为此，

考虑作用在材料左右两侧的压强，如图 4-5 所示。

请注意，材料左端的压强（P_1）施加于正 x 方向，而右端的压强指向负 x 方向。x 方向合力应等于 x 方向上的加速度，则

$$\sum F_x = P_1 A - P_2 A = ma_x \qquad (4\text{-}9)$$

式中，m 是物质的质量。如果该段材料横截面积为 A，长度为 $\mathrm{d}x$，则其体积为 $A\mathrm{d}x$，质量则为体积乘以材料的密度：

$$m = \rho_0 A \mathrm{d}x$$

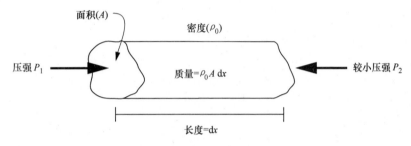

图 4-5　一截材料（体元）的压强

另请注意，因源对左端施加压力，该材料右侧压强小于左侧的压强，这意味着此时的加速度将向右。使用符号 ψ 表示波所致材料的位移，则 x 方向上的加速度可以写成：

$$a_x = \frac{\partial^2 \psi}{\partial t^2}$$

将 m 和 a_x 表达式代入牛顿第二定律（式（4-9）），得出：

$$\sum F_x = P_1 A - P_2 A = \rho_0 A \mathrm{d}x \frac{\partial^2 \psi}{\partial t^2}$$

将左端压力 P_1 写为 $P_0 + \mathrm{d}P_1$，将右端压力 P_2 写为 $P_0 + \mathrm{d}P_2$，则有

$$P_1 A - P_2 A = (P_0 + \mathrm{d}P_1)A - (P_0 + \mathrm{d}P_2)A = (\mathrm{d}P_1 - \mathrm{d}P_2)A$$

由于 $\mathrm{d}P$（即波产生过压或负压）在距离 $\mathrm{d}x$ 上的变化可以写成：

$$压强变化 = (\mathrm{d}P_2 - \mathrm{d}P_1) = \frac{\partial(\mathrm{d}P)}{\partial x}\mathrm{d}x$$

故

$$-\frac{\partial(\mathrm{d}P)}{\partial x}\mathrm{d}xA = \rho_0 A \mathrm{d}x \frac{\partial^2 \psi}{\partial t^2}$$

或

$$\rho_0 \frac{\partial^2 \psi}{\partial t^2} = -\frac{\partial (\mathrm{d}P)}{\partial x}$$

由于 $\mathrm{d}P = \mathrm{d}\rho K/\rho_0$，故

$$\rho_0 \frac{\partial^2 \psi}{\partial t^2} = -\frac{\partial \left[(K/\rho_0)\mathrm{d}\rho \right]}{\partial x} \tag{4-10}$$

下一步将密度变化（$\mathrm{d}\rho$）与材料左右两端的位移（ψ_1 和 ψ_2）建立联系。为此，请注意，材料压缩前后质量相同。该质量是材料密度乘以其体积（$m = \rho V$），图 4-4 中可以看出压缩前材料体积为 $V_1 = A\mathrm{d}x$，压缩后体积 $V_2 = A(\mathrm{d}x + \mathrm{d}\psi)$。因此

$$\rho_0 V_1 = (\rho_0 + \mathrm{d}\rho) V_2$$
$$\rho_0 (A\mathrm{d}x) = (\rho_0 + \mathrm{d}\rho) A (\mathrm{d}x + \mathrm{d}\psi)$$

位移（$\mathrm{d}\psi$）在距离 $\mathrm{d}x$ 上的变化可以写成

$$\mathrm{d}\psi = \frac{\partial \psi}{\partial x}\mathrm{d}x$$

故

$$\rho_0 (A\mathrm{d}x) = (\rho_0 + \mathrm{d}\rho) A \left(\mathrm{d}x + \frac{\partial \psi}{\partial x}\mathrm{d}x \right)$$
$$\rho_0 = (\rho_0 + \mathrm{d}\rho) \left(1 + \frac{\partial \psi}{\partial x} \right)$$
$$= \rho_0 + \mathrm{d}\rho + \rho_0 \frac{\partial \psi}{\partial x} + \mathrm{d}\rho \frac{\partial \psi}{\partial x}$$

由于我们限定波所致密度变化（$\mathrm{d}\rho$）相对于平衡密度（ρ_0）很小，则 $\mathrm{d}\rho \partial \psi/\partial x$ 与 $\rho_0 \partial \psi/\partial x$ 相比须很小。因此，经进一步合理近似，由上式得到：

$$\mathrm{d}\rho = -\rho_0 \frac{\partial \psi}{\partial x}$$

将其代入式（4-10），给出

$$\rho_0 \frac{\partial^2 \psi}{\partial t^2} = -\frac{\partial \left[(K/\rho_0)(-\rho_0 \partial \psi/\partial x) \right]}{\partial x} = \frac{\partial \left[(K(\partial \psi/\partial x) \right]}{\partial x}$$

重新整理就可以获得一个熟悉的等式

$$\rho_0 \frac{\partial^2 \psi}{\partial t^2} = K \frac{\partial^2 \psi}{\partial x^2}$$

或
$$\frac{\partial^2 \psi}{\partial x^2} = \frac{\rho_0}{K}\frac{\partial^2 \psi}{\partial t^2} \qquad (4\text{-}11)$$

与绳上横波一样，通过比较经典波动方程（式（2-5））与式（4-11）中乘数因子项，可以确定压强波的相速度。令这些乘数因子彼此相等，得到

$$\frac{1}{v^2} = \frac{\rho_0}{K}$$

或
$$v = \sqrt{\frac{K}{\rho_0}} \qquad (4\text{-}12)$$

正如预期的那样，压强波的相速度取决于介质的弹性（K）和惯性（ρ_0）。具体来说，材料的体积模量越高（即材料越硬），波分量传播越快（因为 K 在分子中），而介质密度越大，波分量移动就越慢（因为 ρ_0 在分母位置）。

例 4.2 求空气中的声速。

解：声音是一种压强波，如知道空气体积模量和密度，可以用式（4-12）来确定空气中声速。空气压强相比体积模量更容易获得，应改写方程以包含压强项。

为此，使用体积模量的定义（式（4-7））改写式（4-12）为

$$v = \sqrt{\frac{K}{\rho_0}} = \sqrt{\frac{\mathrm{d}P/(\mathrm{d}\rho/\rho_0)}{\rho_0}} = \sqrt{\frac{\mathrm{d}P}{\mathrm{d}\rho}} \qquad (4\text{-}13)$$

根据气体绝热定律，$\mathrm{d}P/\mathrm{d}\rho$ 与平衡压强（P_0）和密度（ρ_0）有关。绝热过程中能量不以热量方式在系统和环境之间流动，使用绝热定律意味着声波所致压缩和扩散的区域在波振荡时不会因热交换而失去或获得能量。这一假设适于典型条件下空气中声波，因为能量传导的距离（分子碰撞转移动能）与平均自由程（分子碰撞移动的平均距离）相当。这个能量传输距离比声波中压缩和扩散区域之间的距离（即半波长）要小几个数量级。波对空气的挤压和扩散会产生温度稍高和略低的区域，而在波动导致压缩区域变稀疏、稀薄区域被压缩之前，对应区域内的分子无法移动足够远以达到热平衡。因此，空气中声波作用可认为是绝热过程。

应用气体绝热定律，压强（P）和体积（V）之间的关系为

$$PV^\gamma = 常数 \tag{4-14}$$

式中，γ 表示定压和定容下的比热之比，对于典型条件下的空气，该值约为 1.4。

由于体积与密度 ρ 成反比，式（4-14）可写成

$$P = (常数)\rho^\gamma$$

故

$$\frac{\mathrm{d}P}{\mathrm{d}\rho} = (常数)\gamma\rho^{\gamma-1} = \gamma\frac{(常数)\rho^\gamma}{\rho}$$

由于（常数）$\rho^\gamma = P$，因此

$$\frac{\mathrm{d}P}{\mathrm{d}\rho} = \gamma\frac{P}{\rho}$$

将其代入式（4-13），得出

$$v = \sqrt{\gamma\frac{P}{\rho}}$$

代入空气典型值 $P = 1 \times 10^5\,\mathrm{Pa}$ 和 $\rho = 1.2\,\mathrm{kg/m^3}$，可得出：

$$v = \sqrt{1.4\frac{1 \times 10^5}{1.2}} = 342\,\mathrm{m/s}$$

这个理论计算值非常接近实际测量值。

4.4　机械波的能量和功率

如果你读过第4.1节，可能注意到一个问题：机械波中传播是什么呢？（不是介质的粒子，因为粒子不随波传播），答案是"能量"。在本节中，我们将了解机械波能量、传输速率与波参数的关系。

物理学入门课程已介绍过一个系统的机械能包括动能（通常被描述为"运动能量"）和势能（通常被描述为"位置能量"）。你可能还记得，运动物体的动能与物体质量和物体速度的平方成正比，而物体的势能取决于外力作用于物体时物体的位置。

势能有多种类型。特定问题的具体势能类型取决于作用在物体上力的性质。引力场（如恒星或行星所产生的引力场）中物体具有引力势能，受到弹性力作用的物体（如弹簧或拉伸的绳子）具有弹性势

能。在物理入门中介绍过保守力，保守力的特性是：当物体位置改变时，保守力所做的功只取决于位置的变化，而与物体所走路径无关。重力和弹性力是保守的，而摩擦力和阻力等则是非保守力。后者属于耗散力，所走路径越长，转化为内能的机械能就越多，而且不能通过反方向重复同一条路径而恢复被耗散的能量。当保守力作用于物体时，物体势能随物体位置变化而发生的改变等于该力所做的功。由于可以任意选择势能等于零的参考位置，因此势能的绝对值是任意的，只有势能的变化才有物理重要性。

动能和势能的概念可以应用于绳上横波这样的机械波。最常见的方法是求出一小段绳的动能和势能表达式，给出绳的能量密度（即单位长度上的能量）。对于谐波，我们可以通过将动能密度和势能密度相加，然后在一个波长的距离上进行积分，从而求出每一波长的总能量。

如上所述，一小段绳的动能（KE）取决于该段绳的质量（m）和横向速度（v_t）的平方：

$$KE_{segment} = \frac{1}{2}mv_t^2$$

绳的线质量密度为μ，长度为dx，绳段质量为$m = \mu dx$，因此

$$KE_{segment} = \frac{1}{2}(\mu dx)v_t^2$$

该段绳的横向速度为$v_t = \partial y/\partial t$，因此

$$KE_{segment} = \frac{1}{2}(\mu dx)\left(\frac{\partial y}{\partial t}\right)^2 \tag{4-15}$$

比较图4-3中$y(x, t)$和v_t曲线，可以看出谐波驱动下平衡位置处绳段的动能最大。在偏离平衡位置的最大位移处，绳段的瞬间速度为零，动能也为零。

值得注意的是，将绳段长度设置为水平距离dx时，并没有考虑绳偏离平衡位置时产生的拉伸。这种假设在处理绳段动能时没有问题，因为绳段质量是关键，而绳段长度的任何增加会伴随着线质量密度成比例减少，质量并无改变。但是，为了确定绳段的势能，我们必须分析拉伸现象，因势能与拉伸绳段的张力所做的功有关。

为确定张力所做的功，第一步是确定当波驱动绳各部分从其平衡位置移开时产生的拉伸量。图 4-6 给出了这种情况的示意，从图中可以看出，绳段长度取决于绳的斜率。将绳段长度（ds）近似为以水平边 dx 和垂直边 dy 所成直角三角形的斜边，可以写为

$$ds = \sqrt{dx^2 + dy^2}$$

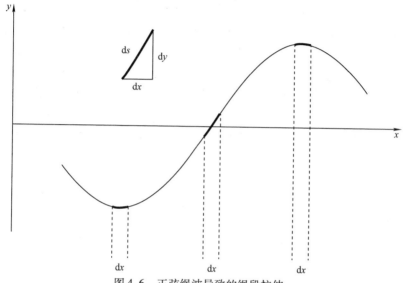

图 4-6　正弦绳波导致的绳段拉伸

如果令 dx 趋近零，则绳段的垂直变化量（dy）可以写成

$$dy = \frac{\partial y}{\partial x}dx$$

所以，绳段长度为

$$ds = \sqrt{dx^2 + \left(\frac{\partial y}{\partial x}dx\right)^2} = dx\sqrt{1 + \left(\frac{\partial y}{\partial x}\right)^2}$$

该式可以用二项式定理简化，二项式定理指出当 x 远小于 1 时，有

$$(1+x)^n \approx 1 + nx$$

该近似适用于小斜率的波动情况，故

$$ds = dx\left[1 + \left(\frac{\partial y}{\partial x}\right)^2\right]^{1/2}$$

$$\approx \mathrm{d}x \left[1 + \frac{1}{2} \left(\frac{\partial y}{\partial x} \right)^2 \right]$$

$$\approx \mathrm{d}x + \frac{1}{2} \left(\frac{\partial y}{\partial x} \right)^2 \mathrm{d}x$$

则绳段的拉伸量 $\mathrm{d}s - \mathrm{d}x$ 为：

$$\text{拉伸量} = \mathrm{d}s - \mathrm{d}x = \frac{1}{2} \left(\frac{\partial y}{\partial x} \right)^2 \mathrm{d}x$$

任何弹性力将物体拉伸一定量时所做的功等于拉伸方向上力的分量乘以拉伸量，据此求解绳拉伸时弹性力（张力）所做的功。因为弹性力是绳的张力（T），所以功为

$$\text{功} = T \left[\frac{1}{2} \left(\frac{\partial y}{\partial x} \right)^2 \mathrm{d}x \right]$$

这个功就是绳段势能（PE）的变化。如果将未拉伸的绳段定义为零势能，则拉伸后绳段势能为

$$\mathrm{PE}_{\text{segment}} = T \left[\frac{1}{2} \left(\frac{\partial y}{\partial x} \right)^2 \mathrm{d}x \right] \tag{4-16}$$

综上，绳任一部分总的机械能（ME）就是该绳段动能和势能之和，即

$$\mathrm{ME}_{\text{segment}} = \frac{1}{2} (\mu \mathrm{d}x) \left(\frac{\partial y}{\partial t} \right)^2 + T \left[\frac{1}{2} \left(\frac{\partial y}{\partial x} \right)^2 \mathrm{d}x \right]$$

该式表示长度为 $\mathrm{d}x$ 的绳段包含的机械能，故机械能密度（单位长度的能量）可通过将该表达式除以 $\mathrm{d}x$（水平段长度）得到：

$$\mathrm{ME}_{\text{unit length}} = \frac{1}{2} \mu \left(\frac{\partial y}{\partial t} \right)^2 + T \left[\frac{1}{2} \left(\frac{\partial y}{\partial x} \right)^2 \right] \tag{4-17}$$

当我们在物理课本上读到机械波时，可能会遇到能量密度表达式用波的相速度（v_{phase}）和绳横向速度（v_t）来表示。要了解其原因，请记住对于波函数 $y(x, t) = f(x - v_{\text{phase}} t)$ 的任何波（该波沿 x 正方向传播），波函数时间和空间导数的关系为：

$$\frac{\partial y}{\partial x} = \frac{-1}{v_{\text{phase}}} \frac{\partial y}{\partial t} \tag{4-18}$$

此时，机械能密度是

$$\text{ME}_{\text{unit length}} = \frac{1}{2}\mu\left(\frac{\partial y}{\partial t}\right)^2 + T\left[\frac{1}{2}\left(\frac{-1}{v_{\text{phase}}}\frac{\partial y}{\partial t}\right)^2\right]$$

$$= \frac{1}{2}\left(\mu + \frac{T}{v_{\text{phase}}^2}\right)\left(\frac{\partial y}{\partial t}\right)^2$$

由于相速与绳段的张力和线质量密度有关，$v_{\text{phase}} = \sqrt{T/\mu}$，即 $\mu = T/v_{\text{phase}}^2$。将 μ 这一表达式代入上述能量密度方程，可以得到

$$\text{ME}_{\text{unit length}} = \frac{1}{2}\left(\frac{T}{v_{\text{phase}}^2} + \frac{T}{v_{\text{phase}}^2}\right)\left(\frac{\partial y}{\partial t}\right)^2 = \left(\frac{T}{v_{\text{phase}}^2}\right)\left(\frac{\partial y}{\partial t}\right)^2$$

因 $\partial y/\partial t$ 是横向速度 v_t，故

$$\text{ME}_{\text{unit length}} = \left(\frac{T}{v_{\text{phase}}^2}\right)v_t^2 \tag{4-19}$$

上述绳能量密度表达式适合于确定绳上横波的能量传播。在研究能量传播之前，有必要花几分钟时间将该式应用到具体的例子上。

例 4.3 一段长度为 dx 的绳，其上波函数为 $y(x, t) = A\sin(kx - \omega t)$，求其动能、势能和总机械能。

解：依据波函数，得到横向速度为 $v_t = \partial y/\partial t = -A\omega\cos(kx - \omega t)$。根据式（4-15），求出动能（KE）为

$$\text{KE}_{\text{segment}} = \frac{1}{2}(\mu dx)\left(\frac{\partial y}{\partial t}\right)^2 = \frac{1}{2}\mu A^2\omega^2\cos^2(kx - \omega t)dx \tag{4-20}$$

波函数的斜率为 $\partial y/\partial x = Ak\cos(kx - \omega t)$。根据式（4-16）得到势能（PE）为

$$\text{PE}_{\text{segment}} = T\left[\frac{1}{2}\left(\frac{\partial y}{\partial x}\right)^2 dx\right] = T\left[\frac{1}{2}A^2 k^2\cos^2(kx - \omega t)dx\right]$$

根据关系式 $v_{\text{phase}} = \sqrt{T/\mu}$ 和 $v_{\text{phase}} = \omega/k$，得到 $T = \mu\omega^2/k^2$，代入到上式消去张力（T），因此

$$\text{PE}_{\text{segment}} = \left(\mu\frac{\omega^2}{k^2}\right)\frac{1}{2}A^2 k^2\cos^2(kx - \omega t)dx$$

或
$$\text{PE}_{\text{segment}} = \frac{1}{2}\mu A^2\omega^2\cos^2(kx - \omega t)dx \tag{4-21}$$

比较式（4-21）和式（4-20），我们会发现该绳段动能和势能相同。将这些表达式相加得到总能量密度：

$$\text{ME}_{\text{segment}} = \mu A^2 \omega^2 \cos^2(kx - \omega t)\, \mathrm{d}x \qquad (4\text{-}22)$$

式（4-21）有助于理解为什么对于绳上横波将势能描述为"位置能量"可能会产生误导。对于许多学生来说，这意味着离平衡点最远的部分，其势能最大，此规律对于如弹簧上质量块这种简单谐振子的情况是正确的。但是，对于绳上横波，决定绳段势能的不是绳段相对其平衡（水平）位置的相对位置，而是绳段相对于平衡长度的长度变化。拉伸长度取决于绳段的斜率（$\partial y/\partial x$），在图 4-6 中可以看出经过平衡位置的绳段斜率最大，而最大位移处绳段基本是水平的，没有被波拉伸，此处势能为零。图 4-7 给出了绳段总能量与 x 的关系。

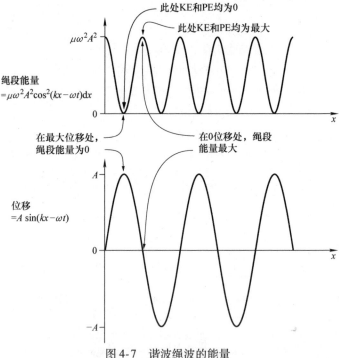

图 4-7　谐波绳波的能量

这意味着一个绳段的机械能不像做简谐振动的弹簧 - 质量块系统，不会在动能和势能之间转换。对于绳横波，绳段在通过平衡位置时，其动能和势能同时达到最大值。如果你担心这违反了能量守恒定律，请注意动能和势能在某些部分达到最大时，此时其他部分的能量为零；只要没有耗散力的作用，总能量保持不变。

以上给出了在水平范围 dx 内的能量，为求出整个波长内波的能量，可以在一个波长（λ）距离上对式（4-22）积分：

$$\mathrm{ME}_{\text{one length}} = \int_0^\lambda \mu A^2 \omega^2 \cos^2(kx - \omega t)\,\mathrm{d}x$$

该式通过选择一个固定的时间如 $t = 0$、并使用下式定积分进行计算：

$$\int_0^\lambda \cos^2\left(\frac{2\pi}{\lambda}x\right)\mathrm{d}x = \frac{\lambda}{2}$$

因此，绳上横波每一波长含有的机械能为

$$\mathrm{ME}_{\text{one wavelength}} = \frac{1}{2}\mu A^2 \omega^2 \lambda$$

由上式可见，机械能与最大位移（A）的平方成正比。虽然我们用绳上横波得出该结论，但其也适用于其他形式的机械波。例如，压强波的能量与波的最大过压的平方成正比。

有了机械波的能量密度和相速度表达式，可以很容易地找到波的功率。功率被定义为能量的变化率，因此有 J/s（焦耳/秒）或 W（瓦特）的国际单位。波传播中功率可以告诉我们单位时间内通过给定位置的能量大小。由于机械能密度（$\mathrm{ME}_{\text{unit length}}$）是波在每米距离内的焦耳数，相速度（$v_{\text{phase}}$）是波每秒移动的米数，则这两个量的乘积给出了波的功率：

$$P = (\mathrm{ME}_{\text{unit length}})v_{\text{phase}}$$

机械能密度由式（4-19）给出，因此

$$P = \left[\left(\frac{T}{v_{\text{phase}}^2}\right)v_t^2\right]v_{\text{phase}} = \frac{T}{v_{\text{phase}}}v_t^2$$

由于 $v_{\text{phase}} = \sqrt{T/\mu}$，故波的功率为

$$P = \frac{T}{\sqrt{T/\mu}}v_t^2$$

或
$$P = (\sqrt{\mu T})v_t^2 \tag{4-23}$$

方程中 $\sqrt{\mu T}$ 这个量非常重要，它表示波的传播介质的"阻抗"，通常用 Z 表示。我们可以在第 4.5 节中找到阻抗的物理意义及其在波的透射和反射中的作用。这里先给出一个求解机械波功率的小例子。

例4.4 求横向机械波的功率，波函数为 $y(x, t) = A\sin(kx - \omega t)$。

解：如本节前面所述，对于这种类型谐波，横向速度为 $v_{\text{phase}} = \sqrt{T/\mu}$，结合 $v_{\text{phase}} = \omega/k$，有 $T = \mu\omega^2/k^2$。因此

$$P = (\sqrt{\mu T})v_t^2 = \left[\sqrt{\mu\left(\mu\frac{\omega^2}{k^2}\right)}\right]v_t^2 = \mu\frac{\omega}{k}v_t^2$$

对于本例所述机械波，有 $v_t = -\omega A\cos(kx - \omega t)$，所以

$$P = \mu\frac{\omega}{k}[-\omega A\cos(kx - \omega t)]^2 = \mu\frac{\omega^3}{k}[A^2\cos^2(kx - \omega t)]$$

为求平均功率，回想一下 $\cos^2$ 函数经多周后其平均值是 $1/2$，因此振幅 A 的谐波的平均功率为

$$P_{\text{avg}} = \mu\frac{\omega^3}{k}\left[A^2\left(\frac{1}{2}\right)\right] = \frac{1}{2}\mu A^2\omega^2\frac{\omega}{k}$$

或
$$P_{\text{avg}} = \frac{1}{2}\mu A^2\omega^2 v_{\text{phase}} = \frac{1}{2}ZA^2\omega^2 \tag{4-24}$$

通过本节，我们已经给出了线质量密度 μ、相速度 v_{phase}、阻抗 Z 等参数之间的关系式，即 $Z = \sqrt{\mu T} = \sqrt{\mu^2\omega^2/k^2} = \mu v_{\text{phase}}$，这将非常有用。

4.5 波的阻抗、反射和透射

上一节中阻抗这一术语源自机械波功率推导过程，如果从另一角度来理解阻抗，它的物理意义就更加明显。在本节开头你会看到如何理解阻抗，然后可以依据阻抗来确定波在两种不同的介质中传播时会发生什么现象。

为理解阻抗的物理特性，考虑机械波源施加力以驱动介质材料产生初始位移。在横向机械波情况下，波源（可能是你的手垂直抖动一根绳子的一端）必须克服张力的垂直分量。如果绳索相对平衡位置（水平）位移为 y，且绳索相对于水平方向角度为 θ，则张力垂直分量为

$$F_y = T\sin\theta \approx T\frac{\partial y}{\partial x}$$

对于任一个行波，可以用式（4-18）将上式写成$\partial y/\partial t$的形式：

$$F_y = T\left(\frac{-1}{v_{\text{phase}}}\right)\frac{\partial y}{\partial t}$$

由于$\partial y/\partial t = v_t$，故

$$F_y = T\left(\frac{-1}{v_{\text{phase}}}\right)v_t = -\left(\frac{T}{v_{\text{phase}}}\right)v_t$$

由于$v_{\text{phase}} = \sqrt{T/\mu}$，有

$$F_y = -\left(\frac{T}{\sqrt{T/\mu}}\right)v_t = -(\sqrt{\mu T})v_t \tag{4-25}$$

这是绳对源的运动所产生的阻力，源必须通过产生反方向的力$F_{y,\text{source}}$来克服这种阻力。因此，产生波所需的力与绳的横向速度成正比，这一点在我们建立波与传播介质相互作用的模型时非常重要。

式（4-25）的另一个重要特性是力和横向速度之间的比例常数是介质的阻抗Z。注意，对于绳上横波，阻抗$Z = \sqrt{\mu T}$只取决于绳的两个特性：张力和线质量密度。

重新整理式（4-25）并代入$F_{y,\text{source}} = -F_y$，有助于更清楚地理解阻抗的含义：

$$Z = \sqrt{\mu T} = \frac{F_{y,\text{source}}}{v_t} \tag{4-26}$$

对于机械波来说，阻抗能够用于确定为让波驱动材料产生一个特定横向速度而所需要的力的大小。在国际单位制中，Z表示使材料以每秒一米的速度进行移动所需力的牛顿数。对于绳上横波，如果一根绳中张力和线质量密度的乘积大于另一根绳，则该绳阻抗更高，因此在绳中达到给定横向速度需要更大的力。但一旦达到了横向速度，正如式（4-23）所示，阻抗高的绳比在相同横向速度下阻抗低的绳具有更大的功率。

因此，如果要确定产生特定横向速度的机械波所需的力或计算该机械波的功率，介质的阻抗就非常有用。但是，阻抗更重要的作用是能用于分析波在两种不同介质界面上发生的现象。

式（4-25）所蕴含的概念是分析变化介质对机械波所产生影响的

出发点。这些概念如下：

（1）介质（在本例中为绳）对波源产生阻力。

（2）阻力与波在介质中产生的横向速度成正比，且方向相反（所以 $F_y \propto -v_t$）。

（3）阻力与横向速度的比例常数就是介质的阻抗（Z）。

这些概念对于分析实际中不是无穷长的绳时非常有用；如果波源在绳的左端，则右端在有限远处。绳的右端可能被钉到墙上，可能是自由的，或者也可能连接到具有不同特性（例如 μ 或 T，通常意味着不同的 v_{phase} 和 Z）的另一根绳上。这些情况如图 4-8 所示。如果我们想知道一个向右传播的波（如图所示的脉冲）遇到绳右端时会发生什么，了解绳右端力的性质非常重要（也就是说，无限长的绳所保留下来的部分产生的力）。

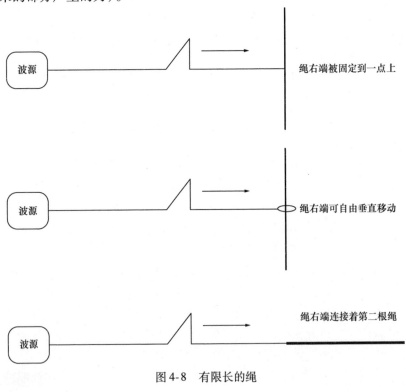

图 4-8　有限长的绳

为此，请考虑：由于绳段产生的阻力与 $-v_t$ 成正比，而 $-v_t$ 随空间和时间而变化，因此阻力的峰值对应 v_t 的谷值。换句话说，阻力与横向速度相位相差 $180°$。但是，如前所述和图 4-3 所示，位移 y 和横向加速度 a_t 的波峰和波谷相对于 v_t 的波峰和波谷发生偏移，而与 v_t 的过零点相一致。由于阻力与 $-v_t$ 成正比，v_t 的过零点也是阻力的过零点，因此，位移 y 和横向加速度 a_t 与阻力呈 $±90°$ 失相。该现象的原因如图 4-9 所示。

这张图上侧为一根无限长的绳，该绳对波源的阻力为 $-Zv_t$。在这种情况下，源产生的波持续向右传播，并且不会产生额外的波（也就是说，如果绳连续并且在各处具有相同特性，则不会产生反射波）。

现在考虑一下去掉绳右侧部分（也就是说，图 4-9 下侧三个草图中绳在虚线部分缺失）。显然，在缺失部分没有介质来传输波，而机械波总是需要一种介质才能传播的，故波不会传播到虚线区域。如果我们去掉绳右侧部分，去掉的绳不再对阻力产生影响，就不能指望左侧的波表现得再像绳子延伸到无穷远时那样。

这就产生一个问题：在绳子右端附加什么东西就可以产生与绳子

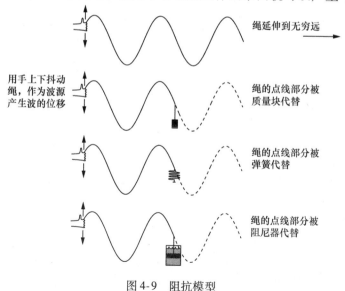

图 4-9　阻抗模型

缺失部分相等的阻力呢？如果能做到此点，则左边波的行为将和在无限长的绳上的行为完全一样。例如，可以尝试在绳的末端附加一个质量块，以弥补绳右侧部分（缺少掉的）的质量，如第二个草图所示。该方法的问题在于，附加质量块所产生的力与入射波横向速度不成正比；相反，它将与横向加速度成比例（牛顿第二定律指出力与加速度成正比）。如图 4-3 所示，在横向速度最大的位置，横向加速度为零。所以从图左侧来的波撞击到悬挂物时，因为阻力不同，波的行为也与绳延伸到无穷远时不同。

在绳右端附加弹簧来替代质量块，如图 4-9 从上往下数第三个草图所示。但弹簧产生的力与入射波横向速度同样不成正比。弹簧力与位移成正比（基于胡克定律，弹簧力与其相对平衡位置的位移成正比）。在横向速度最大的位置，位移和加速度都为零。所以，绳左侧的波的行为与绳延伸到无穷远情况的行为不同。

现在想象一下在绳右端附加一个叫作阻尼器的设备。阻尼器的定义是："（阻尼器）作为一种机械装置，利用黏滞摩擦（例如浸没在液体中的活塞）提供运动阻力，其产生的力与速度成正比，但方向相反。"这正是我们要找的！用阻尼器替换无限长绳所缺失部分，绳左侧部分在此种情况下所获阻力对 v_t 的依赖与绳无穷长时相同。而且，如果我们调整了缓冲器产生的阻力，使之与无限长绳所缺失部分产生的阻力完全匹配（可以认为是调整阻尼器的阻抗与绳的阻抗相匹配），那么绳左侧波将与绳延伸到无穷长时的情况一致。波的所有能量就像传输到无限长绳右侧一样，将全部进入到阻尼器中。

在某些文献中，我们可能会看到阻尼器被描述为"纯电阻"元件。你应该花几分钟来理解这一术语，其将机械波和电路中时变电流进行类比。阻尼器之所以被称为纯电阻装置，就像电路中电阻的电流与外加电压同相一样，阻尼器对绳左端的阻力与 $-v_t$ 的相位相匹配。如你研究过交流（AC）电路，可能会记起其他电学元件（如电容器和电感器）中电流与电压的相位相差 $\pm 90°$，这种相位关系与上面讨论的通过悬挂质量块或弹簧所产生力的相位关系类似。

　　所以这里得到一个重要的结论：如果我们用一个阻尼器来截断一根有限长的绳，并且阻尼器的阻抗与绳的阻抗相匹配，那么这个阻尼器就可作为完美的波能量吸收器。由阻尼器产生阻力的振幅和相位正好适于使得左半部分绳上波的特性与无限长绳上的一样。据此，波向右传播而未产生任何反射波。

　　但是，如果我们调整阻尼器的阻抗，使之比绳的阻抗稍大或稍小，波会如何变化呢？在这种情况下，阻力仍与 $-v_t$ 成正比，但力的大小与无限长绳所缺失右侧产生的阻力不同。波的部分（但不是全部）能量将被阻尼器吸收，部分能量将沿着左侧的绳反射回来。此过程就是部分波反射、部分波通过界面传输的行为。因此，当绳右侧被以各种方式截断时，可以用阻尼器模型来研究波的行为。

　　例如，如果我们把绳右端钉在一个固定点上，这就好比将绳连上一个阻抗很高的阻尼器；如果我们放开绳子右端，就相当于附加了一个阻抗为零的阻尼器。现在想象用绳的右端钩住另一根绳，如图 4-10 所示。如两根绳的线质量密度（μ）或张力（T）不同，则阻抗也不同（称之为 Z_2）。可以通过分析绳连接到具有阻抗（Z_2）阻尼器上发生的现象，来确定波的行为。

质量密度 μ_1　　　　质量密度 μ_2

张力 T_1　　　　　　张力 T_2

_____

阻抗 $Z_1 = (\mu_1 T_1)^{1/2}$　　阻抗 $Z_2 = (\mu_2 T_2)^{1/2}$

图 4-10　不同绳之间的界面

　　不同情况下（用不同 Z 值截断绳子）波的特性如何呢？为回答此问题，有必要给界面（左绳终点）赋予两个边界条件。这些边界条件是：

　　（1）绳是连续的，因此界面左右两侧位移（y）必须相同（否则，绳会将在界面处断开）；

　　（2）切向力（$-T\partial y/\partial x$）在界面两侧必须相同（否则，界面处质量无穷小的粒子几乎会有无穷大的加速度）。

　　应用这些边界条件，可得到反射波位移函数（y）的方程（详细推导请见本书网站）：

$$y_{\text{reflected}} = \frac{Z_1 - Z_2}{Z_1 + Z_2} y_{\text{incident}}$$

所以反射波振幅会比入射波振幅大或小一个因子$(Z_1 - Z_2)/(Z_1 + Z_2)$。该系数通常表示为 r，称为振幅反射系数：

$$r = \frac{Z_1 - Z_2}{Z_1 + Z_2} \tag{4-27}$$

如果 $r = 1$，则反射波振幅与入射波相同，这意味着波完全从界面反射——界面处产生了向左侧传播的一模一样的波。此时，绳上的波是入射波和反射波的叠加。如果 $r = 0$，则没有反射波，绳上唯一的波就是波源产生的向右移动的波。如果细看式（4-27），会发现 r 也可能是负数。例如，如果 $r = -1$，反射波的振幅与入射波的振幅相同，但符号相反，绳上的波将是原始波与反射波的叠加。这些条件（$r = 1$ 和 $r = -1$）是极端情况，振幅反射系数的值始终介于极值之间。

请注意，决定反射波振幅的不仅是第二种介质的阻抗，更重要的是第一种介质和第二种介质的阻抗差（$Z_1 - Z_2$）。所以，第二种介质的阻抗尽可能小并不能避免波的反射，需要使第二种介质的阻抗与第一种介质的阻抗相匹配方可。

如果想知道有多少波通过界面传播（"透射波"），类似的分析（见本书网站）给出：

$$y_{\text{transmitted}} = \frac{2Z_1}{Z_1 + Z_2} y_{\text{incident}}$$

令振幅透射系数写作 t（注意不要和时间混淆），给出

$$t = \frac{2Z_1}{Z_1 + Z_2} \tag{4-28}$$

振幅透射系数给出透射波振幅与入射波振幅的比值。如果 $t = 1$，则透射波振幅与入射波相同。但是，如果 $t = 0$，则透射波的振幅为零，这意味着原始波没有穿透界面。对于任何界面，$t = 1 + r$，因此 t 值范围从 0（如果 $r = -1$）到 +2（如果 $r = +1$）。

为将 r 和 t 的表达式应用于右端钉到固定位置的绳上，相当于使 $Z_2 = \infty$，则

$$r = \frac{Z_1 - Z_2}{Z_1 + Z_2} = \frac{Z_1 - \infty}{Z_1 + \infty} = -1$$

和

$$t = \frac{2Z_1}{Z_1 + Z_2} = \frac{2Z_1}{Z_1 + \infty} = 0$$

因此，这种情况下入射波没有穿过界面，反射波是入射波反转后的波形。

通过设置 $Z_2 = 0$，也易知绳右端自由时的波动现象，在这种情况下，反射波的振幅与入射波相同，但不会反转（$r = 1$）。

知道了如何从 Z_1 和 Z_2 中找到 r 和 t，我们就可以分析将一根绳连接到另一根具有不同特性（质量密度 μ 和张力 T）绳上，波的传播特性。依据 $Z = \sqrt{\mu T}$，确定了每根绳的阻抗，就可以用式（4-27）求 r，用式（4-28）求 t。下例说明了分析方法。

例 4.5　在质量密度为 $0.15\mathrm{g/cm^3}$、张力为 10N 的绳上，有最大位移为 2cm 的横向脉冲沿正 x 方向传播。如果该脉冲遇到一小段质量密度增加到 2 倍且张力相同的绳，会发生什么情况？

解：这种情况的示意如图 4-11。这两根绳之间有两个界面。在第一个（左）界面，沿正 x 方向传播的脉冲将从阻抗为 Z_{light} 的介质传输入阻抗为 Z_{heavy} 的介质。所以对于向右移动的脉冲，左界面处 $Z_1 = Z_{\mathrm{light}}$、$Z_2 = Z_{\mathrm{heavy}}$。

如图 4-11 下方所示，部分脉冲将从左界面反射（方向向左），其余脉冲将透过第一个界面（向右）传输。在穿过较重的绳段后，传输的脉冲将遇到第二个（右）界面。在这个界面上，脉冲将从阻抗为 Z_{heavy} 的介质进入阻抗为 Z_{light} 的介质。所以对于右界面处向右运动的脉冲，$Z_1 = Z_{\mathrm{heavy}}$、$Z_2 = Z_{\mathrm{light}}$。类似于左界面发生的现象，脉冲的一部分将从第二个界面反射（向左），另一部分将透过该界面（向右）传输。

用式（4-28）和适当的阻抗值 Z_1 和 Z_2，可以确定通过每一界面传输的透射脉冲的振幅。将线质量密度转换为国际单位制后

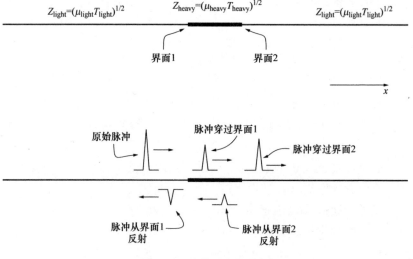

图 4-11 有较重夹段的绳

$(0.15\text{g/cm} = 0.015\text{kg/m})$，用式（4-26）计算阻抗：

$$Z_1 = \sqrt{\mu_{\text{light}} T_{\text{light}}} = \sqrt{(0.015\text{kg/m})(10\text{N})} = 0.387\text{kg/s}$$

$$Z_2 = \sqrt{\mu_{\text{heavy}} T_{\text{heavy}}} = \sqrt{2(0.015\text{kg/m})(10\text{N})} = 0.548\text{kg/s}$$

所以，左界面的透射系数是

$$t = \frac{2Z_1}{Z_1 + Z_2} = \frac{(2)(0.387)}{0.387 + 0.548} = 0.83$$

因此，在从轻绳段传输到重绳段时，脉冲振幅降低为原始值的83%。减幅脉冲向右传播并遇到第二（右）界面。在这种情况下，重绳段是入射波传播介质，而轻绳段是透射介质。由于 Z_1 表示入射波和反射波传播的介质，Z_2 表示透射波传播的介质，因此对于该界面，阻抗 $Z_1 = 0.548\text{kg/s}$、$Z_2 = 0.387\text{kg/s}$。可得右界面透射系数为

$$t = \frac{2Z_1}{Z_1 + Z_2} = \frac{(2)(0.548)}{0.548 + 0.387} = 1.2$$

这意味着在透射过两个界面后，脉冲振幅为 0.83 乘以 1.2，因此最终振幅约为原始值 2cm 的 97%。

振幅反射系数和透射系数很有用，但并不能告知我们反射和透射

过程所有信息。要了解为什么需要额外信息，请考虑从振幅透射系数 (t) 中减去振幅反射系数 r 会发生什么情况：

$$t - r = \frac{2Z_1}{Z_1 + Z_2} - \frac{Z_1 - Z_2}{Z_1 + Z_2} = \frac{2Z_1 - Z_1 + Z_2}{Z_1 + Z_2} = \frac{Z_1 + Z_2}{Z_1 + Z_2} = 1$$

$$t = 1 + r$$

该式意味着当 Z_2 远大于 Z_1 时，振幅反射系数接近 -1，则 $t = 1 + r = 1 + (-1) = 0$ 似乎是合理的，因为全反射意味着没有任何波通过界面传播，故透射波振幅应为零。

但对于 Z_1 远大于 Z_2 的情况呢？例如，如果 $Z_2 = 0$ 怎么办？在这种情况下，$r = +1$，$t = 1 + (+1) = 2$。如果入射波振幅被 100% 的反射（因为 $r = 1$），那么透射波振幅怎么可能是 2 呢？

为理解该问题，必须考虑反射波和透射波所携带的能量，而不仅仅是它们的振幅。从式（4-24）可以看出，波的功率与介质阻抗（Z）和波振幅（A）的平方成正比：$P \propto ZA^2$。因此，透射波功率与入射波功率之比称为功率传输系数（T，不要与张力混淆）为

$$T = \frac{P_{\text{transmitted}}}{P_{\text{incident}}} = \frac{Z_2 A_{\text{transmitted}}^2}{Z_1 A_{\text{incident}}^2} = \left(\frac{Z_2}{Z_1}\right) t^2 \qquad (4\text{-}29)$$

上式 t 是透射振幅与入射振幅的比值。由于反射波与入射波在同一介质中传播（阻抗为 Z_1），因此功率反射系数（R）为

$$R = \frac{P_{\text{reflected}}}{P_{\text{incident}}} = \frac{Z_1 A_{\text{reflected}}^2}{Z_1 A_{\text{incident}}^2} = \left(\frac{Z_1}{Z_1}\right) r^2 = r^2 \qquad (4\text{-}30)$$

功率反射系数（R）是振幅反射系数（r）的平方，而功率透射系数（T）是阻抗比例（Z_2/Z_1）乘以振幅透射系数（t）的平方。

当考虑反射波和透射波的功率时，很明显，在 $Z_2 = 0$ 情况下，反射波包含了全部功率（因为 $R = 1$），而透射波没有任何功率（因为 $T = 0$）。

由于 R 代表反射功率与入射波功率的比率，T 代表透射波功率的比率，因此 $R + T$ 的总和必须等于 1（反射和透射必须包含入射波 100% 的功率）。我们可以在章后习题和在线解答中学习此类问题。

4.6 习题

4.1 证明式（4-6）中表达式 $\sqrt{T/\mu}$ 具有速度量纲。

4.2 如果一根长度为 2m、质量为 1g 的绳通过悬挂 1kg 的质量块而被拉动，绳上横波的相速度是多少？

4.3 证明式（4-12）中表达式 $\sqrt{K/\rho}$ 具有速度量纲。

4.4 体积模量约为 150GPa、质量为 63200kg 的 8m³ 钢立方体中，压强波的相速度是多少？

4.5 在长度为 70cm、质量为 0.1g 的绳上传播振幅为 5cm、波长为 30cm 的横波谐波。如果绳被 0.3kg 的悬挂质量块拉动，那么波的动能、势能和总机械能密度是多少？

4.6 在上一个问题中，波携带了多少功率？绳的最大横向速度是多少？

4.7 考虑两条绳。A 绳长 20cm，质量为 12mg，而 B 绳长 30cm，质量为 25mg。如果每一绳都受到相同悬挂质量块的拉力，比较两根绳上横波速度和阻抗。

4.8 如果题 4.7 中轻绳的一小段连入到该题的重绳中，则求两个界面（轻绳到重绳和重绳到轻绳）的振幅反射系数。

4.9 求 4.8 题中两个界面（轻到重和重到轻）上波的振幅透射系数。

4.10 验证前两个问题中透射波和反射波的功率加起来等于入射波的功率。

第5章

电磁波方程

本章将第1~3章的概念应用于三种主要波的电磁波。一般来说第4章机械波更为显而易见，但正是电磁波让我们能够观察到周围的世界乃至地球以外的宇宙。在过去100年里，我们创制了无线设备，基于电磁波已可在几米距离乃至地球和星际飞船间数百万公里距离内发送和接收信息。

本章第5.1节概述了电磁波特性，第5.2节讨论了麦克斯韦方程组。在第5.3节，基于麦克斯韦方程组四个方程推导获得电磁波方程。第5.4节描述了波动方程的平面波解。本章最后在第5.5节中讨论了电磁波的能量、功率和阻抗。

5.1 电磁波的特性

像任何波的传播一样，电磁波也是相对于平衡态的扰动，将能量从一个地方传到另一个地方。但与第4章讨论的机械波不同，电磁波不需要介质就能传播。

所以，如果电磁波可以在真空中传播，那么到底是什么在携带能量呢？什么在产生波动呢？这两个问题的答案是电场和磁场。

即使没怎么接触场理论，我们仍可以理解电磁波的基本原理。只要记住场与力密切相关，场的定义是"力作用的区域"。所以电场存在于电学力作用的区域，磁场存在于磁力作用的区域。我们可以在该区域内放置一个带电粒子并测量该粒子上的力（带电粒子必须移动，才能检测到磁场），就可以检测到这些场的存在。但即使没有粒子用于确定电场或磁场的存在，电场或磁场本身也存在着能量。因此，电磁场携带着电磁波的能量，这些场在空间和时间上的变化代表了电磁波的"波动"。

为了解电磁波工作原理，应先获得电场和磁场如何产生的知识。

如图 5-1 左侧所示，电场的一个来源是电荷；电场 ($\vec{E}$) 从正电荷发出。这类"静电"场始于正电荷，终于负电荷（图中未显示负电荷）。在描绘电场和磁场的大多数图中，箭头表示不同位置的场方向，箭头的密度或长度表示场强度。电场的量纲是单位电荷的力，国际单位制为牛顿每库仑（N/C），其与伏特每米（V/m）等效。

另一种场源如图 5-1 右侧所示。电场源自不断变化的磁场，在这种情况下产生的电场不是源自一点，而是环绕于磁场周围且闭合。这种"感应"电场是电磁波的重要组成部分。

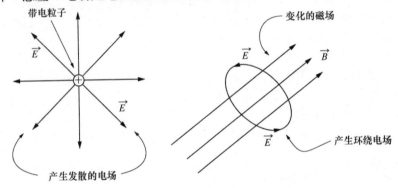

图 5-1　电场的场源

磁场 ($\vec{B}$) 的场源如图 5-2 所示。正如电荷产生静电场一样，环绕电流也会产生闭合"静磁场"，如图左侧所示。变化的磁场会产生环绕电场，而变化的电场也会产生环绕磁场，如该图右侧所示。感应

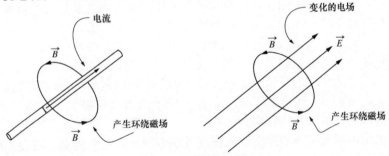

图 5-2　磁场的场源

磁场也是电磁波的重要组成部分。磁场的量纲是力除以电流与长度的乘积，单位为牛顿每库仑·米（N/C·m），或称为特斯拉（T）。

　　由于电场和磁场既有大小（强度是多少）又有方向（指向哪个方向），所以这些场可用矢量表示（通常在代表矢量的符号上加一个小箭头，如 $\vec{E}$ 和 $\vec{B}$）。如果你没有学过矢量或者记得不太清楚了，请记住任何矢量都可以由分量（如 E_x、E_y 和 E_z 或 B_x、B_y 和 B_z）和基本矢量（在笛卡尔坐标系中，沿着 x、y 和 z 轴的指向分别为 $\hat{i}$、$\hat{j}$ 和 $\hat{k}$）组成。所以电场矢量可以写成 $\vec{E} = E_x\hat{i} + E_y\hat{j} + E_z\hat{k}$，磁场矢量可以写成 $\vec{B} = B_x\hat{i} + B_y\hat{j} + B_z\hat{k}$（第 1 章 1.3 节概述了基本的矢量概念）。

　　电场矢量和磁场矢量的基本特性以及它们之间的关系由四个被称为麦克斯韦方程的方程来描述。这些方程源自高斯、法拉第和安培的工作，但正是杰出的苏格兰物理学家麦克斯韦（James Clerk Maxwell）将这些方程组合到一起，并在安培定律中添加了一个关键项。我们将在本章看到，麦克斯韦方程组将直接引出经典波动方程。

　　麦克斯韦电磁理论在物理学中适用范围最广。在低频、长波电磁频谱末端是极低频（ELF, extremely low-frequency）无线电波，频率为几赫兹而波长为 100000km 或更长。在较高的频率和较短的波长，电磁波被描述为红外线、可见光、紫外线、X 射线和 Γ 射线，其频率约为 10^{20} 量级（Γ 射线频率超过 10^{19} Hz，波长小于 10^{-11} m）。

　　在下一节，就可以学到组成麦克斯韦方程组的四个方程。

5.2　麦克斯韦方程组

　　麦克斯韦方程组由四个矢量方程组成：电场的高斯定律、磁场的高斯定律、法拉第定律和安培-麦克斯韦定律。每一方程都可以写成积分或微分形式。积分形式描述了表面或路径上电场和磁场特性，而微分形式适用于特定位置的电磁场。这两种形式都与电磁波有关，但从麦克斯韦方程组推导波动方程的过程中，用微分形式更直接一些。为此，有必要了解被称为"del"（或"nabla"）的矢量微分算子，其写作 $\vec{\nabla}$。

　　数学运算符是执行数学运算的指令，微分运算符就是求某些导数的指令。所以 $\sqrt{}$ 数学运算符取该符号中任何数的平方根，$\vec{\nabla}$ 是微分运算符，用于取正在处理的函数的空间偏导数（如 $\partial/\partial x$、$\partial/\partial y$ 和 $\partial/\partial z$）。该求导过程由 $\vec{\nabla}$ 及后面的符号来决定。符号组合 $\vec{\nabla}\circ$（"del dot"）位于矢量 $\vec{A}$ 之前时，其在笛卡尔坐标系中定义为

$$\vec{\nabla}\circ\vec{A} = \frac{\partial A_x}{\partial x} + \frac{\partial A_y}{\partial y} + \frac{\partial A_z}{\partial z} \tag{5-1}$$

这个运算叫作"取 $\vec{A}$ 的散度"。我们可以在大多数数学物理教科书中读到关于散度的细节，但其基本思想可以通过与流体类比来理解。

一个场矢量（如 $\vec{E}$ 和 $\vec{B}$）可以类比成流向或离开发散点的某种物质的流动（尽管实际上没有任何物质在电场或磁场中流动）。在这个类比中，如果场矢量使得更多的物质从一个位置流出而不是流向它，那么这个位置有正的散度。如果流向和流出这个点的物质一样多，则该位置散度为零。如果有更多的物质流向这个点而不是流出它，该位置的散度就是负的。为了继续与流体流动相类比，源点（例如用水下泉眼）是正散度的位置，而汇点（例如流体交汇入排水管的位置）是负散度（有时称为"汇聚"）位置。

思维实验中，可以想象将锯末撒在流体上，就可用于判断场中任何位置散度。如果把锯末撒在正散度的地方，锯末就会散开，而在负散度的区域，锯末会聚集。

将此概念应用到电场，我们可以从图 5-1 左边部分得出结论，任何正电荷位置都是电场正散度的位置。

麦克斯韦方程组中 del 算子的另一个用法是符号 $\vec{\nabla}\times$（"del - cross"）组合。当此符号组合出现在一个矢量之前时，该运算在笛卡儿坐标系中定义为

$$\vec{\nabla}\times\vec{A} = \left(\frac{\partial A_z}{\partial z} - \frac{\partial A_y}{\partial z}\right)\hat{i} + \left(\frac{\partial A_x}{\partial z} - \frac{\partial A_z}{\partial x}\right)\hat{j} + \left(\frac{\partial A_y}{\partial x} - \frac{\partial A_x}{\partial y}\right)\hat{k} \tag{5-2}$$

此操作称为"取 $\vec{A}$ 的旋度"。同样通过与流动的流体类比，可以理解此基本概念。这种情况不在于有多少物质被矢量场带向或离开一个点，而是环绕在所考虑点周围的场强度。所以漩涡中心的点就是高旋度的位置，但是从源沿着径向向外的平滑流其旋度为零。

散度产生标量结果（即只有幅值但没有方向的值；与散度相比，旋度运算符得到矢量结果。那么旋度矢量指向哪个方向呢？它指向场的旋转轴；按照惯例，如果把右手除拇指外的四根手指沿场环绕方向卷曲，则旋度的正方向就与右手拇指指向一致。

一个关于旋度的思维实验是想象将一个小桨轮置于轴的末端，轴从轮的中心向外延伸，然后放入所考虑点处的矢量场。如果该点具有非零旋度，则叶轮旋转，且旋度矢量的方向就沿着轴的方向（旋度矢量正方向由上述右手法则定义）。

将这一概念应用于图 5-2 中的场，应有助于理解任何存在电流或变化电场的位置有非零旋度的磁场。

有了这些概念，就可以考虑麦克斯韦方程的微分形式了。以下对每个方程的物理意义进行简短描述。

（一）电场高斯定律：$\vec{\nabla} \circ \vec{E} = \rho / \varepsilon_0$

电场高斯定律指出，电场（$\vec{E}$）在任何位置的散度（$\vec{\nabla} \circ$）与该位置的电荷密度（ρ）成正比。这是因为静电场始于正电荷，终于负电荷（电场线从正电荷位置发出并向负电荷位置汇聚）。符号 ε_0 代表自由空间的介电常数，当我们考虑电磁波的相速度和阻抗时，会再次看到这个量。

（二）磁场高斯定律：$\vec{\nabla} \circ \vec{B} = 0$

磁场高斯定律指出，磁场（$\vec{B}$）在任何位置的散度（$\vec{\nabla} \circ$）必须为零。这是确切无疑的。因为宇宙中没有孤立的"磁荷"，所以磁力线既不发散，也不汇聚（它们自己闭合）。

（三）法拉第定律：$\vec{\nabla} \times \vec{E} = -\partial \vec{B} / \partial t$

法拉第定律表明，电场（$\vec{E}$）在任何位置的旋度（$\vec{\nabla} \times$）等于该位置磁场时间变化率 $\partial \vec{B} / \partial t$ 的负值。变化的磁场会产生环绕的电场。

（四）安培－麦克斯韦定律 $\vec{\nabla} \times \vec{B} = \mu_0 \vec{J} + \mu_0 \varepsilon_0 \partial \vec{E} / \partial t$

由麦克斯韦修正的安培定律告诉我们磁场（$\vec{B}$）在任何位置的旋度（$\vec{\nabla} \times$）与电流密度（$\vec{J}$）加上该位置电场时间变化率（$\partial \vec{E} / \partial t$）所得之和成正比。这是因为环绕磁场既可由电流产生，也可由变化的电场产生。符号 μ_0 代表自由空间的磁导率，当我们考虑电磁波的相速度和电磁阻抗时，也会看到这个量。

麦克斯韦方程组将场的空间行为与这些场的场源关联了起来。这些源包括电场高斯定律中出现的电荷（密度 ρ）、安培 – 麦克斯韦定律中的电流（密度 $\vec{J}$）、法拉第定律中出现的变化磁场（时间导数为 $\partial\vec{B}/\partial t$）及出现在安培 – 麦克斯韦定律中的变化电场（时间导数 $\partial\vec{E}/\partial t$）。

本章下一节将展示如何由麦克斯韦方程组导出电磁波的经典波动方程。

5.3　电磁波方程

单独来看，麦克斯韦方程组给出了场源与电场和磁场之间的关系。但更重要的是，通过将这些方程组合在一起，可以产生波动方程。

首先对法拉第定律两边取旋度：

$$\vec{\nabla}\times(\vec{\nabla}\times\vec{E}) = \vec{\nabla}\times\left(-\frac{\partial\vec{B}}{\partial t}\right) = -\frac{\partial(\vec{\nabla}\times\vec{B})}{\partial t}$$

式中，用于求空间偏导数的 $\vec{\nabla}\times$ 被移到时间偏导数 $\partial/\partial t$ 内（对于足够光滑的函数，允许这样做）。在上式中代入安培 – 麦克斯韦定律中的磁场旋度 $(\vec{\nabla}\times\vec{B})$ 表达式，得到

$$\vec{\nabla}\times(\vec{\nabla}\times\vec{E}) = -\frac{\partial(\mu_0\vec{J}+\mu_0\varepsilon_0\partial\vec{E}/\partial t)}{\partial t} = -\mu_0\frac{\partial\vec{J}}{\partial t} - \mu_0\varepsilon_0\frac{\partial^2\vec{E}}{\partial t^2}$$

获得电磁波方程的需要使用旋度的旋度这一矢量恒等式：

$$\vec{\nabla}\times(\vec{\nabla}\times\vec{A}) = \vec{\nabla}(\vec{\nabla}\circ\vec{A}) - \nabla^2\vec{A}$$

式中，$\vec{\nabla}(\vec{\nabla}\circ\vec{A})$ 表示 $\vec{A}$ 散度的梯度（空间变化）；$\nabla^2\vec{A}$ 表示 $\vec{A}$ 的拉普拉斯算子运算，该矢量算子涉及二阶空间偏导数。将这个恒等式应用于前式，得到

$$\vec{\nabla}(\vec{\nabla}\circ\vec{E}) - \nabla^2\vec{E} = -\mu_0\frac{\partial\vec{J}}{\partial t} - \mu_0\varepsilon_0\frac{\partial^2\vec{E}}{\partial t^2}$$

进一步利用电场高斯定律（$\vec{\nabla} \circ \vec{E} = \rho/\varepsilon_0$），可以得出

$$\vec{\nabla}\left(\frac{\rho}{\varepsilon_0}\right) - \nabla^2\vec{E} = -\mu_0\frac{\partial \vec{J}}{\partial t} - \mu_0\varepsilon_0\frac{\partial^2\vec{E}}{\partial t^2}$$

在真空中，电荷密度（ρ）和电流密度（$\vec{J}$）都为零。故，在自由空间中，有

$$0 - \nabla^2\vec{E} = 0 - \mu_0\varepsilon_0\frac{\partial^2\vec{E}}{\partial t^2}$$

或
$$\nabla^2\vec{E} = \mu_0\varepsilon_0\frac{\partial^2\vec{E}}{\partial t^2} \tag{5-3}$$

这就是电场的波动方程。因为其是一个矢量方程，所以实际上由三个独立方程（矢量 $\vec{E}$ 每一分量对应一个方程）构成。在笛卡儿坐标系中，这些方程是

$$\begin{cases} \dfrac{\partial^2 E_x}{\partial x^2} + \dfrac{\partial^2 E_x}{\partial y^2} + \dfrac{\partial^2 E_x}{\partial z^2} = \mu_0\varepsilon_0\dfrac{\partial^2 E_x}{\partial t^2} \\[2mm] \dfrac{\partial^2 E_y}{\partial x^2} + \dfrac{\partial^2 E_y}{\partial y^2} + \dfrac{\partial^2 E_y}{\partial z^2} = \mu_0\varepsilon_0\dfrac{\partial^2 E_y}{\partial t^2} \\[2mm] \dfrac{\partial^2 E_z}{\partial x^2} + \dfrac{\partial^2 E_z}{\partial y^2} + \dfrac{\partial^2 E_z}{\partial z^2} = \mu_0\varepsilon_0\dfrac{\partial^2 E_z}{\partial t^2} \end{cases} \tag{5-4}$$

对安培 – 麦克斯韦定律两边取旋度，然后代入法拉第定律 $\vec{E}$ 的旋度表达式，同样也可以找到磁场 $\vec{B}$ 的类似方程：

$$\nabla^2\vec{B} = \mu_0\varepsilon_0\frac{\partial^2\vec{B}}{\partial t^2} \tag{5-5}$$

上式也是一个矢量方程，其分量方程为

$$\begin{cases} \dfrac{\partial^2 B_x}{\partial x^2} + \dfrac{\partial^2 B_x}{\partial y^2} + \dfrac{\partial^2 B_x}{\partial z^2} = \mu_0\varepsilon_0\dfrac{\partial^2 B_x}{\partial t^2} \\[2mm] \dfrac{\partial^2 B_y}{\partial x^2} + \dfrac{\partial^2 B_y}{\partial y^2} + \dfrac{\partial^2 B_y}{\partial z^2} = \mu_0\varepsilon_0\dfrac{\partial^2 B_y}{\partial t^2} \\[2mm] \dfrac{\partial^2 B_z}{\partial x^2} + \dfrac{\partial^2 B_z}{\partial y^2} + \dfrac{\partial^2 B_z}{\partial z^2} = \mu_0\varepsilon_0\dfrac{\partial^2 B_z}{\partial t^2} \end{cases} \tag{5-6}$$

将式（5-4）和式（5-6）与波的一般方程（第 2 章式（2-11））相比较：

$$\frac{\partial^2 \Psi}{\partial x^2} + \frac{\partial^2 \Psi}{\partial y^2} + \frac{\partial^2 \Psi}{\partial z^2} = \frac{1}{v_{\text{phase}}^2}\frac{\partial^2 \Psi}{\partial t^2} \tag{2-11}$$

令方程中时间导数前面的因子对应相等，可以揭示出电磁波的相速度：

$$\frac{1}{v_{\text{phase}}^2} = \mu_0 \varepsilon_0$$

或

$$v_{\text{phase}} = \sqrt{\frac{1}{\mu_0 \varepsilon_0}} \tag{5-7}$$

因此，电磁波在真空中的速度只取决于自由空间介电常数（ε_0）和磁导率（μ_0）。这些常数能够用电容器和电感器做实验测定；可接受的值为 $\varepsilon_0 = 8.8541878 \times 10^{-12}\,\text{F/m}$、$\mu_0 = 4\pi \times 10^{-7}\,\text{H/m}$。将这些值代入式（5-7）中可得

$$v_{\text{phase}} = \sqrt{\frac{1}{\mu_0 \varepsilon_0}} = \sqrt{\frac{1}{(8.8541878 \times 10^{-12}\,\text{F/m})(4\pi \times 10^{-7}\,\text{H/m})}}$$
$$= 2.9979 \times 10^8\,\text{m/s}$$

这就是光在真空中的速度；麦克斯韦根据此结果得出光是电磁波的结论。

电磁波不仅要满足波动方程，还要满足麦克斯韦方程。对两个独立波动方程（式（5-3）和式（5-5））的解再应用麦克斯韦方程组，这些解之间的联系就可清晰可见了。我们将在下一节看到这一过程。

5.4 电磁波方程的平面波解

电磁波方程有各种不同的解，其一个非常重要的子集涉及平面波。平面波的等相位面是垂直于传播方向的平面（如果你不确定这意味着什么，不妨先看看图 5-3）。在这一节中，我们将考虑沿正 z 方向传播的平面电磁波，这意味着其等相面平行于 (x, y) 平面。

如第 2 章所述，波方程在正 z 方向的解由函数形如 $f(kz - \omega t)$ 表出，因此电场的解可使用谐波函数

$$\vec{E} = \vec{E}_0 \sin(kz - \omega t) \tag{5-8}$$

式中，$\vec{E}_0$ 表示传播电场的"矢量振幅"。顾名思义，矢量振幅是一个矢量，这意味着它既有幅值又有方向。$\vec{E}_0$ 幅值大小告诉我们电场的振幅（即当 $\sin(kz-\omega t)=1$ 时电场达到的最大值），$\vec{E}_0$ 的方向告诉我们电场指向哪个方向。

同理，磁场的解可以写成

$$\vec{B} = \vec{B}_0\sin(kz-\omega t) \tag{5-9}$$

其中 $\vec{B}_0$ 是传播的磁场的矢量振幅。

在笛卡尔坐标系中，电场和磁场矢量振幅的分量为

$$\vec{E}_0 = E_{0x}\hat{i} + E_{0y}\hat{j} + E_{0z}\hat{k} \tag{5-10}$$

$$\vec{B}_0 = B_{0x}\hat{i} + B_{0y}\hat{j} + B_{0z}\hat{k} \tag{5-11}$$

进一步应用麦克斯韦方程，可以了解到这些分量的很多信息。从电场的高斯定律开始，已知道真空中 $\vec{\nabla}\circ\vec{E}=0$，则

$$\frac{\partial E_x}{\partial x} + \frac{\partial E_y}{\partial y} + \frac{\partial E_z}{\partial z} = 0 \tag{5-12}$$

但是，由于波相位在整个 (x,y) 平面上必须恒定，电场分量不随 x 或 y 变化（这并不意味着这些分量为零，只是每个分量不能随 x 或 y 改变），因此，式（5-12）的前两个导数项（$\partial E_x/\partial x$ 和 $\partial E_y/\partial y$）必须为零，这意味着

$$\frac{\partial E_z}{\partial z} = 0$$

为理解该式含义，考虑一下波在 z 方向传播的事实。上式表明如果电场在 z 方向有一分量，那么该分量在 z 所有值处都须相同（如果 E_z 随 z 变化，那么 $\partial E_z/\partial z$ 就不会等于零）。但是常数 E_z 对波的扰动没有影响（它是 z 和 t 的函数），所以可以把波的 E_z 取为零。因此，平面波电场在传播方向上没有分量。

磁场的高斯定律指出 $\vec{\nabla}\circ\vec{B}=0$，基于同样推理，得出结论：对于在 z 方向传播的平面波，B_z 也必须等于零。如果 $E_z=0$、$B_z=0$，则电场和磁场都必须垂直于波的传播方向。故，平面电磁波是横波。

因此，这种波的可能成分是

$$E_x = E_{0x}\sin(kz-\omega t) \quad B_x = B_{0x}\sin(kz-\omega t)$$

$$E_y = E_{0y}\sin(kz - \omega t) \quad B_y = B_{0y}\sin(kz - \omega t)$$

正如高斯定律可以消去电场和磁场的 z 分量，法拉第定律可用来深入了解其余分量之间的关系。该方程将感应电场的旋度与磁场随时间的变化率联系起来：

$$\vec{\nabla} \times \vec{E} = -\frac{\partial \vec{B}}{\partial t}$$

利用笛卡儿坐标系中旋度的定义（式（5-2）），该方程的 x 分量为

$$\left(\frac{\partial E_z}{\partial y} - \frac{\partial E_y}{\partial z}\right) = -\frac{\partial B_x}{\partial t}$$

得出

$$E_{0y} = -cB_{0x} \tag{5-13}$$

进一步由 y 分量方程，得出

$$E_{0x} = cB_{0y} \tag{5-14}$$

如果需要求解过程，请参阅课后习题和在线解答。这些方程揭示了电场波动方程解与磁场波动方程解之间的联系。

式（5-13）和式（5-14）还包含另一重要信息。在平面电磁波中，电场和磁场不仅垂直于传播方向，而且相互垂直（请参阅课后习题和在线解答）。

例 5.1 如果一平面电磁波沿着正 z 方向传播，并且其电场在某点沿着正 x 轴，那么该点处波的磁场指向哪个方向？

解：如果电场沿着 x 轴的正方向，则 E_{0x} 为正、$E_{0y}=0$。因 $B_{0y}=E_{0x}/c$ 而 E_{0x} 为正，这意味着磁场沿着正 y 轴有非零分量。$E_{0y}=0$ 意味着 B_{0x}（等于 $-E_{0y}/c$）必须为零。如果 B_{0y} 为正、B_{0x} 为零，那么这个位置处 $\vec{B}$ 必须完全沿着 y 轴指向。

图 5-3 所示为沿 z 方向传播平面电磁波的电场。设 x 轴与电场方向一致，图中以快照方式显示了在 $z=0$ 处穿过 (x, y) 平面的波，在该平面处出现波振幅的正峰值。上半部分图中电场强度由箭头密度表示，下半部分的图则显示出沿 z 轴的电场强度变化。

图 5-4 给出了同一时刻磁场的对应示意。如图 5-4 所示，磁场指向 y 轴方向，垂直于图 5-3 中波传播方向和电场方向。下半部分的图给出了沿 y 轴正负向的磁场强度变化。

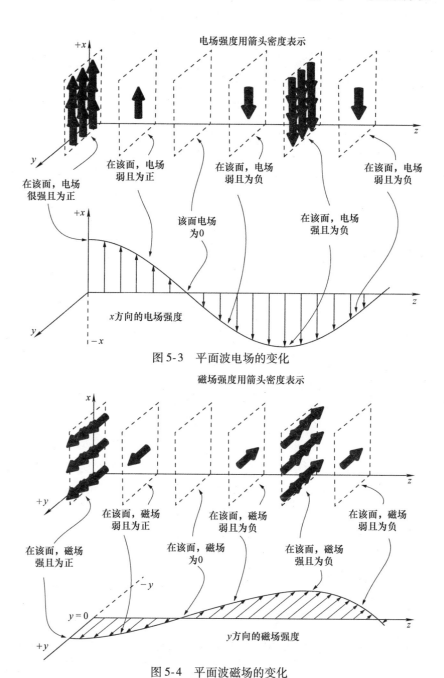

图 5-3　平面波电场的变化

图 5-4　平面波磁场的变化

合并图5-3和图5-4的场强图,结果如图5-5所示。图中为清晰起见,磁场图已按比例缩放,使其具有与电场相同的振幅,但实际电场强度和磁场强度的相对大小为

$$|\vec{E}| = \sqrt{(E_{0x})^2 + (E_{0y})^2} = \sqrt{(cB_{0y})^2 + (-cB_{0x})^2}$$

$$= c\sqrt{(B_{0y})^2 + (B_{0x})^2} = c|\vec{B}|$$

即
$$\frac{|\vec{E}|}{|\vec{B}|} = c \tag{5-15}$$

也就是说电场强度(单位:F/m)比磁场强度(单位:T)大 c 倍(单位:m/s)。

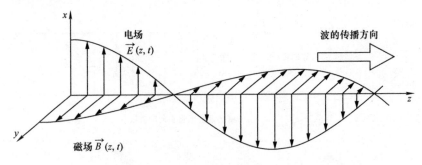

图 5-5　平面电磁波

电场方向定义波的"偏振";如果电场保持在同一平面上(如图5-5所示),则称波为线偏振或平面偏振。了解了横向平面波中电场和磁场的行为,我们就可以理解更复杂的电磁波了。例如,考虑图5-6所示的振荡电偶极子的辐射图。像这样的图通常被称为辐射模式。图中曲线代表偶极子产生的电磁波的电场分量。这张图是三维辐射模式的二维切片,围绕穿过偶极子的垂直轴旋转该图,可想象得到整个可视化场。

这里有一个重要结论:离偶极子较远的位置(也就是说,几个波长或更多波长距离),振荡偶极子产生的电磁波可很好地被近似为平面波。随着波从源传播出去,场线曲率半径将越来越大,这意味着具

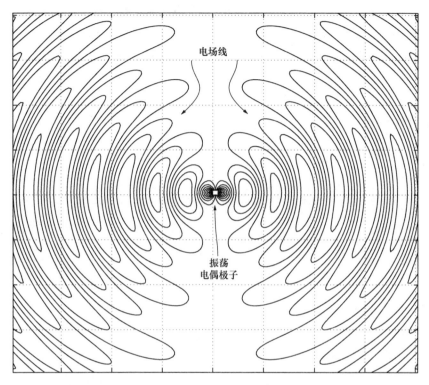

电场线

振荡
电偶极子

图 5-6　振荡电偶极子的辐射

有恒定相位的面变得越来越像平面。

　　该图不能清楚地表示出辐射模式中电场线与图 5-5 所示平面波电场和磁场的关系。为帮助你理解这种关系，在图 5-7 偶极子辐射模式中插入了一个经适当缩放的平面波场（在 z 方向）。

　　如图所示，在辐射图中电场线密集处电场最强，而电场线相距较远之处电场最弱（过零点）。

　　辐射图一般不包括磁场线，但可以在图 5-7 的平面波插图中看到磁场的方向和强度。如果想象着围绕偶极子将场的模式图外旋出页面，正如麦克斯韦方程所要求的那样，可看出磁场线在源周围环绕且闭合。

　　与所有传播的波一样，电磁波携带着能量。即使在真空中传播，

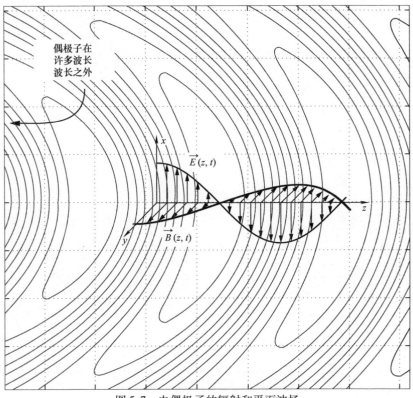

图 5-7　电偶极子的辐射和平面波场

电磁波也有能量。对于质量密度为零的介质来说，这似乎违反直觉，但是电磁场的能量包含在电场和磁场本身之中。在下一节将学到关于电磁能量、功率和阻抗的内容。

5.5 电磁波的能量、功率和阻抗

　　为了解电场和磁场中储存的能量，先考虑一下储存在带电电容和载流电感中的能量。这是因为储存在电容器上的电荷在极板之间产生电场，而流过电感的电流产生磁场。通过计算形成这些场所做的功，就可以确定储存在这些场中的能量。如果用能量除以它所占的体积，就得到了场的能量密度（即单位体积的能量，国际单位制为 J/m^3）。

对于真空中的电场,其能量密度(通常称为 u_E)为

$$u_E = \frac{1}{2}\varepsilon_0 \, |\vec{E}|^2 \qquad (5\text{-}16)$$

式中,ε_0 是自由空间的介电常数,$|\vec{E}|$ 是电场的大小。

对于真空中的磁场,其能量密度(u_B)为

$$u_B = \frac{1}{2\mu_0} \, |\vec{B}|^2 \qquad (5\text{-}17)$$

式中,μ_0 是自由空间磁导率,$|\vec{B}|$ 为磁场的大小。

关于以上表达式,应注意两点:首先,在两种情况下,能量密度都与场强度的平方成正比,因此强度加倍的场储存的能量是原场 4 倍。第二,由于 u_E 和 u_B 是能量密度,如果想知道某个区域储存的能量,必须将能量密度乘以该区域的体积(如果能量密度在整个体积中是均匀的),或者在体积上积分(如果能量密度是体积中位置的函数)。

如果在空间某个区域同时存在电场和磁场,则通过将式(5-16)和式(5-17)相加求得总能量密度。

$$u_{\text{tot}} = \frac{1}{2}\varepsilon_0 \, |\vec{E}|^2 + \frac{1}{2\mu_0} \, |\vec{B}|^2 \qquad (5\text{-}18)$$

用电场和磁场的比值消去 $|\vec{E}|$ 或 $|\vec{B}|$,上式有另一种写法。

式(5-15)指出在电磁波中 $|\vec{E}|/|\vec{B}| = c$,所以总能量可以写成

$$u_{\text{tot}} = \frac{1}{2}\varepsilon_0 \, |\vec{E}|^2 + \frac{1}{2\mu_0} \left(\frac{|\vec{E}|}{c} \right)^2$$

由于 $c = 1/\sqrt{\mu_0 \varepsilon_0}$,因此

$$u_{\text{tot}} = \frac{1}{2}\varepsilon_0 \, |\vec{E}|^2 + \frac{\mu_0 \varepsilon_0}{2\mu_0} \, |\vec{E}|^2 = \frac{1}{2}\varepsilon_0 \, |\vec{E}|^2 + \frac{1}{2}\varepsilon_0 \, |\vec{E}|^2$$

即

$$u_{\text{tot}} = \varepsilon_0 \, |\vec{E}|^2 \qquad (5\text{-}19)$$

若从式(5-18)中去掉 $|\vec{E}|$ 而不是 $|\vec{B}|$,还可得到

$$u_{\text{tot}} = \frac{1}{\mu_0} \, |\vec{B}|^2 \qquad (5\text{-}20)$$

所以不管根据 $|\vec{E}|$ 还是 $|\vec{B}|$,都可以获得电磁波场中每单位体积储存

的能量。

我们知道能量是以波的速度传送的，对于自由空间电磁波来说就是以真空光速（c）。所以考虑一下将 u_{tot}（国际单位制为 J/m^3）乘以 c（国际单位制为 m/s）会发生什么：得到 $J/s \cdot m^2$。这是在垂直于波的运动方向上一平方米横截面积流过能量的速率。由于单位时间的能量（国际单位制：J/s）是功率（国际单位制：W），因此电磁波在单位面积上功率大小是

$$|\vec{S}| = u_{tot}c$$

功率密度写为一个称为"坡印亭矢量"的矢量（$\vec{S}$）的幅值（可以在本书后续获得更多关于该矢量的内容）。

就电场而言，功率密度是

$$|\vec{S}| = \varepsilon_0 |\vec{E}|^2 c = \varepsilon_0 |\vec{E}|^2 \sqrt{\frac{1}{\mu_0 \varepsilon_0}} = \sqrt{\frac{\varepsilon_0}{\mu_0}} |\vec{E}|^2 \qquad (5\text{-}21)$$

因此，平面电磁波的功率密度与波电场幅值的平方成正比，比例常数取决于传播介质的电磁特性（自由空间为 ε_0 和 μ_0）。

我们可能会想求一下功率密度的时间平均值。为理解这一点，回想一下式（5-8），时变电场 $\vec{E}$ 等于 $\vec{E}_0 \sin(kz - \omega t)$，因此

$$|\vec{E}|^2 = |\vec{E}_0|^2 [\sin(kz - \omega t)]^2$$

其时间平均值写作

$$|\vec{E}|^2_{avg} = \{|\vec{E}_0|^2 [\sin(kz - \omega t)]^2\}_{avg}$$

$\sin^2$ 函数经过多周后平均值是 $1/2$，得到

$$|\vec{E}|^2_{avg} = \frac{1}{2} |\vec{E}_0|^2$$

也就是说平均功率密度是

$$|\vec{S}|_{avg} = \frac{1}{2} \sqrt{\frac{\varepsilon_0}{\mu_0}} |\vec{E}_0|^2 \qquad (5\text{-}22)$$

下面用例子说明上式用法。

例5.2 在地球表面，晴天太阳光平均功率密度约为 $1300W/m^2$。求太阳光中电场和磁场的平均强度。

解：为求平均电场强度，基于式（5-22）求 $|\vec{E}|_{\text{avg}}$：

$$|\vec{S}|_{\text{avg}} = \frac{1}{2}\sqrt{\frac{\varepsilon_0}{\mu_0}}\,|\vec{E}_0|^2$$

$$|\vec{E}_0| = \sqrt{\frac{2\,|\vec{S}|_{\text{avg}}}{\sqrt{\varepsilon_0/\mu_0}}} = \sqrt{2\,|\vec{S}|_{\text{avg}}\sqrt{\frac{\mu_0}{\varepsilon_0}}}$$

$$= \sqrt{(2)1300\,\text{W/m}^2\sqrt{\frac{4\pi\times10^{-7}\,\text{H/m}}{8.8541878\times10^{-12}\,\text{F/m}}}} \approx 990\,\text{V/m}$$

一旦知道了电场的大小，就可以用式（5-15）来计算磁场的大小：

$$|\vec{B}_0| = \frac{|\vec{E}_0|}{c} = \frac{990\,\text{V/m}}{3\times10^8\,\text{m/s}} \approx 3.3\times10^{-6}\,\text{T}$$

令 $\sqrt{\mu/\varepsilon}$ 为电磁阻抗（通常写为 Z），其与第 4 章讨论的机械阻抗起着类似作用。自由空间中电磁阻抗为

$$Z_0 = \sqrt{\frac{\mu_0}{\varepsilon_0}} = \sqrt{\frac{4\pi\times10^{-7}\,\text{H/m}}{8.8541878\times10^{-12}\,\text{F/m}}} \approx 377\,\Omega \qquad (5\text{-}23)$$

符号 Ω 表示电磁阻抗国际单位为欧姆。其他材料的阻抗由 $Z = \sqrt{\mu/\varepsilon}$ 给出，μ 是材料的磁导率，ε 是材料的介电常数。当电磁波作用于具有不同电磁阻抗的材料界面时，反射波和透射波的振幅取决于介质之间的阻抗差别。

在自由空间中，平面电磁波的功率密度与波的电场幅值有关，为

$$|\vec{S}| = \frac{|\vec{E}_0|^2}{Z_0} \qquad (5\text{-}24)$$

和

$$|\vec{S}|_{\text{avg}} = \frac{|\vec{E}_0|_{\text{avg}}^2}{Z_0} \qquad (5\text{-}25)$$

这些方程将电磁场的功率密度与电场和传播介质的特性联系起来，但还不能确定能量流向。如已知功率密度是坡印亭矢量 $\vec{S}$ 的幅值，坡印亭矢量的方向将指出电磁波中能量的流动方向。

以下是坡印亭矢量的最常用写法：

$$\vec{S} = \frac{1}{\mu_0}\vec{E} \times \vec{B} \qquad (5\text{-}26)$$

$\vec{E}$ 和 $\vec{B}$ 为电场矢量和磁场矢量，"×"符号表示矢量叉积。有几种方法可以将矢量相乘，但只有矢量叉积可用于求坡印亭矢量。在两个矢量之间取叉积，得到的结果也是一矢量，其方向垂直于叉积中两个矢量的方向。

矢量叉乘的幅值和方向如图 5-8 所示。对于矢量 $\vec{A}$ 和 $\vec{B}$，叉乘的幅值为

$$|\vec{A} \times \vec{B}| = |\vec{A}||\vec{B}|\sin\theta \qquad (5\text{-}27)$$

其中 θ 是 $\vec{A}$ 和 $\vec{B}$ 之间的角度。

可以用右手定则来确定矢量叉积 $\vec{A} \times \vec{B}$ 的方向。要做到这一点，想象一下用右手四个手指将叉乘中第一个矢量（在图中是矢量 $\vec{A}$）推入第二个矢量（矢量 $\vec{B}$），如图 5-8 所示。当如此操作的时候，保持右手拇指垂直于其余四指。右手拇指就指向叉乘的方向。

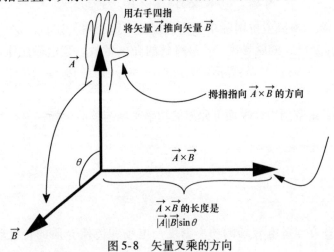

图 5-8　矢量叉乘的方向

注意，矢量的叉乘 $\vec{A} \times \vec{B}$ 与 $\vec{B} \times \vec{A}$ 不同；将矢量 $\vec{B}$ 推向矢量 $\vec{A}$ 得到的结果与图 5-8 所示方向相反（虽然大小相同）。故 $\vec{B} \times \vec{A} = -\vec{A} \times \vec{B}$。

如果将上述过程用到图 5-5 所示电磁波的电场和磁场（$\vec{E}$ 和 $\vec{B}$），我们会看到矢量叉乘 $\vec{E} \times \vec{B}$ 指向波的传播方向（沿着图 5-5 的 z 轴方向）。由于传播方向既垂直于平面电磁波的电场，也垂直于磁场，因此叉乘运算为坡印亭矢量指出了正确的方向。

例 5.3　利用式（5-26）中坡印亭矢量的定义，求沿正 z 轴传播的平面电磁波的矢量功率密度 $\vec{S}$。

解：从图 5-5 和式（5-26）可以看出，坡印亭矢量为

$$\vec{S} = \frac{1}{\mu_0} \vec{E} \times \vec{B} = \frac{1}{\mu_0} |\vec{E}| |\vec{B}| \sin\theta \, \hat{k}$$

由于 $\vec{E}$ 垂直于 $\vec{B}$，因此 θ 为 90°。我们还应知道 $|\vec{B}| = |\vec{E}|/c$，故上式可以写为

$$\vec{S} = \frac{1}{\mu_0} |\vec{E}| |\vec{B}| \sin 90° \, \hat{k} = \frac{1}{\mu_0} |\vec{E}| |\vec{B}| \hat{k} = \frac{1}{\mu_0} |\vec{E}| \frac{|\vec{E}|}{c} \hat{k}$$

$$= \frac{1}{\mu_0} |\vec{E}| \frac{|\vec{E}|}{\sqrt{1/(\mu_0 \varepsilon_0)}} \hat{k} = \frac{\sqrt{\mu_0 \varepsilon_0}}{\mu_0} |\vec{E}|^2 \, \hat{k}$$

$$= \sqrt{\frac{\varepsilon_0}{\mu_0}} |\vec{E}|^2 \hat{k} = \frac{|\vec{E}|^2}{Z_0} \hat{k}$$

该结果与式（5-24）一致。

5.6　习题

5.1　如果某一区域的电场由具有国际单位制的 $\vec{E} = 3x^2 y \, \hat{i} - 2xyz^2 \hat{j} + x^3 y^2 z^2 \hat{k}$ 给出，那么 $x=2$、$y=3$、$z=1$ 处的电荷密度是多少？

5.2　如果某一区域的静磁场由具有国际单位制的 $\vec{B} = 3x^2 y^2 z^2 \, \hat{i} + xy^3 z^2 \hat{j} - 3xy^2 z^3 \hat{k}$ 给出，那么 $x=1$、$y=4$、$z=2$ 处的电流密度的大小是多少？

5.3　某一位置磁场依据具有国际单位制的方程 $\vec{B} = 3t^2 \hat{i} + t \hat{j}$ 而随时间变化，则在时间 $t=2\mathrm{s}$ 时，该位置感应电场的旋度大小和方向

为何?

5.4 对于沿正 z 方向传播的平面波,证明其法拉第定律的 x 分量可推导出方程 $E_{0y} = -cB_{0x}$。

5.5 对于沿正 z 方向传播的平面波,证明其法拉第定律的 y 分量可推导出方程 $E_{0x} = cB_{0y}$。

5.6 由两个方程式(5-13)和式(5-14),证明 $\vec{E}$ 和 $\vec{B}$ 彼此垂直。

5.7 证明 $\sqrt{1/(\mu_0 \varepsilon_0)}$ 的单位为 m/s。

5.8 根据平方反比定律,由各向同性源(即向所有方向均匀辐射的源)发射的电磁波的功率密度由方程

$$|\vec{S}| = \frac{P_{\text{transmitted}}}{4\pi r^2}$$

给出。其中 $P_{\text{transmitted}}$ 是发射功率,r 是源到接收器的距离。求20km 外 1000W 无线电发射机所产生的电场和磁场的大小。

5.9 对于矢量 $\vec{A} = 8\,\hat{i} + 3\,\hat{j} + 6\,\hat{k}$ 和矢量 $\vec{B} = 12\,\hat{i} - 7\,\hat{j} + 4\,\hat{k}$,其矢量叉积 $\vec{A} \times \vec{B}$ 的幅值和方向为何?

5.10 在某些等离子体(如地球电离层)中,电磁波的色散关系为 $\omega^2 = c^2 k^2 + \omega_{\text{p}}^2$,其中 c 是光速,ω_{p} 是取决于粒子浓度的自然"等离子体频率"。求该等离子体中电磁波的相速度(ω/k)和群速度($\mathrm{d}\omega/\mathrm{d}k$),并证明它们的乘积等于光速的平方。

第6章

量子波动方程

　　本章将第 1 ~ 3 章的概念应用于第三种主要的波：量子波。尽管机械波在日常生活可能是最常见的，电磁波可能是我们社会最有用的技术，但量子波是最基本的。正如我们在本章中所见，宇宙中每一点物质在特定情况下将产生像波一样的行为，所以很难想象有什么比这更基本的了。

　　如果你认为宏观世界的生活在没有考虑量子效应的情况下仍运行得很好，你应注意经典物理定律是近似性的，而本章所描述的特异的量子行为能够与经典物理完美融合。量子现象大部分来自物质和能量的波粒二象性，本章目标之一是帮助你理解量子波动性实际上是怎么回事。

　　本章首先在第 6.1 节比较了波和粒子的特性，然后在第 6.2 节讨论了波粒二象性。你可以在第 6.3 节和第 6.4 节学到薛定谔方程和概率波函数，量子波包将在 6.5 节讨论。

6.1 波和粒子的特性

　　在学习现代物理学之前，大部分学生认为粒子和波分属于本质不同的类别。这是可以理解的，因为粒子和波有几个非常不同的特性，包括它们占据空间的方式，它们通过开孔的方式，以及与其他粒子或波相互作用的方式。下面概述了粒子和波的一些区别特征。

　　占据空间的方式：粒子存在于一个确定的空间中，如果能让网球比赛在某个瞬间暂停，那么所有观众都能对那一瞬间球所在的位置达成一致。这一属性意味着粒子是局域化的，在特定时刻处于特定位置。另一方面，波存在于一个扩展空间区域。如第 3 章第 3.3 节所述，谐波函数 $\sin(kx - \omega t)$ 存在于从 $-\infty$ 到 $+\infty$ 的所有 x 值上，无法区分一个周期和另一个周期。所以单频波本质上是非局域的，其无处不在。

这些差异如图 6-1 所示，图中显示了一个由小圆点表示的粒子和一个由曲线表示的波（这就是粒子和波的快照）。在快照的瞬间，所有观察者都同意粒子存在于位置 $x = -1$、$y = 4$ 的位置。但此刻的波在哪里呢？该波存在于 $x = -8$，$x = 0$，$x = 8$，以及 x 的其他所有值之处（包括图左侧和右侧未显示的区域以及此处已列出的 x 值之间的位置）。在特定时刻，所有波峰、波谷或过零点都存在于特定位置，但每个周期看起来都与其他周期完全相同。波由其所有部分组成，因此，波是非局域的。

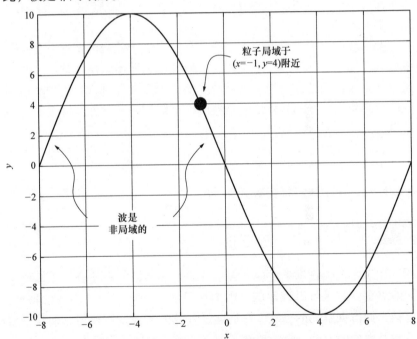

图 6-1　非局域化的波和局域化的粒子

通过开孔的方式：当一个粒子通过比这个粒子大的开孔时，其路径不受影响，如图 6-2 左上部分图所示。只有当开孔尺度小于粒子大小时，粒子行为才会受到开孔的影响。

　　然而，波的行为截然不同。图 6-2 右侧部分显示了不同尺寸的开孔对从左侧入射的平面波产生的影响。在图右上角，开孔比波的波长大很多倍，波通过开孔时没有明显变化。但是，如果缩小开孔尺寸，使孔大小与波的波长相近时，穿过开孔的那部分波就不再是平面波了。如图 6-2 中部的插图所示，等相面将有点弯曲，波通过开孔后将发生扩展。如果将开孔孔径缩小到比波的波长还小，波阵面的曲率和波的扩展就变得更加显著，这种效应称为衍射。

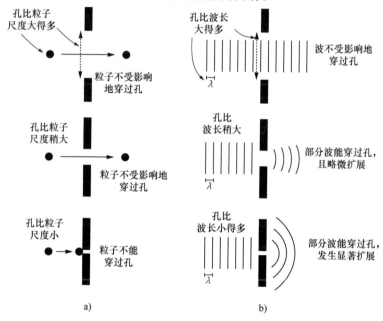

图 6-2　a）尺度可比时，粒子穿过开孔时不受孔径影响；
　　　　b）当开孔孔径与波长相当或更小时，波在开孔处向外扩展

　　与其他粒子和波的相互作用：粒子通过碰撞与其他粒子相互作用；当粒子间相互碰撞时，它们可以交换动量和能量。一个地滚球在击打静止的保龄球时就是这样——系统的前一状态是一个快速的地滚球

和固定的保龄球，而后一状态是一个速度较慢的地滚球和迅速离开原来位置的保龄球。根据守恒定律，系统的总动量和总能量前后相同，但每个物体的能量和动量可能会因碰撞而发生变化。这种碰撞发生得很快（理想无变形情况下，碰撞瞬间发生），能量和动量快速地离散交换是粒子相互作用的特征。

然而，波与其他波通过叠加而非碰撞进行相互作用。如第3章第3.3节所述，两个或多个波占据同一空间区域时，产生的波是所有波的总和。这些波相互干涉，其合成结果是否比参与叠加的波具有更大的振幅（构造性干涉）或更小的振幅（破坏性干涉），取决于这些波的相对相位。

波也可以与物体相互作用。在这种相互作用中，波的能量可以传递给物体。想象一个浮标在波浪经过的湖面上下摆动。当波浪抬升浮标时，浮标的动能和重力势能都会增加，所获得的能量直接来自波浪。与粒子碰撞发生的近乎瞬时的能量转移不同，波到物体的能量转移发生在很长一段时间内。能量转移的速率取决于波的特性。

图6-3基于经典模型总结了粒子和波之间的区别。在20世纪早期，一系列新实验和新理论的进展开始表明需要新的力学，所提出的"量子力学"包含了对粒子和波完全不同的理解。在现代物理学中，粒子可以表现出波的行为，波也可以像粒子一样。波粒子二象性将是下一节的主题。

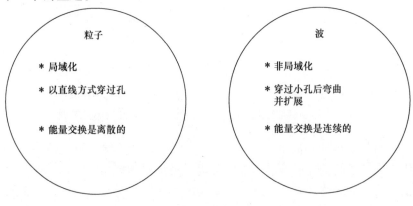

图6-3　经典模型中粒子和波的差异

6.2　波粒二象性

为理解波粒二象性，考虑一下用何种实验对粒子的波动行为进行检测。如上一节所讨论的，粒子和波的一个典型区别是如何通过一个不透明屏障上狭缝这样的开孔。如果一束粒子流（甚至是单个粒子）通过狭缝显示出衍射现象，你就知道这些粒子的行为类似于波。然而，为了使衍射现象显著，孔径大小必须与波的波长相当。所以，如果你想用衍射来探测粒子的波动行为，必须建造一个与粒子波长相匹配的小孔，这意味着有必要根据粒子的性质来推测其波长。

法国物理学家德布罗意（Louis de Broglie）在 1924 年假设了物质波的存在，使得由粒子性质预测波长成为可能。爱因斯坦（Albert Einstein）曾证明光同时具有波和粒子特性，在通过狭缝时表现为波，但在光电效应等相互作用中表现为粒子（称为光子）。德布罗意进一步提出了一个猜想，将波粒二象性扩展到了电子和其他有质量的粒子。正如他在博士论文中所写："我的基本想法是把爱因斯坦 1905 年依据光和光子而发现的波和粒子共存的现象，推广到所有粒子。"

为理解德布罗意对粒子波长的表述，首先考虑爱因斯坦提出的频率为 ν、波长为 λ 的光子的能量：

$$E = h\nu = \frac{hc}{\lambda} \tag{6-1}$$

其中 h 是普朗克常数（$6.626 \times 10^{-34}\,\text{m}^2\,\text{kg/s}$），$c$ 是光速。虽然光子没有静止质量，但其携带动量，动量的大小与光子能量有关

$$p = \frac{E}{c} \tag{6-2}$$

因此，对于一个光子，$E = cp$。将其代入式（6-1），得出

$$E = \frac{hc}{\lambda} = cp$$

$$p = \frac{h}{\lambda}$$

$$\lambda = \frac{h}{p}$$

如果这一关系也适用于有质量的粒子，则质量为 m 的粒子以速度 v 运动时其波长为

$$\lambda = \frac{h}{p} = \frac{h}{mv} \qquad (6\text{-}3)$$

式中，粒子动量的大小是 $p = mv$。

考虑式（6-3），可知波长和动量成反比，粒子的波长随着粒子动量减小而增加。这就是为什么只有运动的粒子才会表现出波动行为——在零速度下，粒子波长变得无限大而无法测量。另外，普朗克常数是一个非常小的量，只有当粒子动量足够小，使得 h/p 相当大时，粒子的波动行为才能被测量到。因此，日常物体的质量很大，导致其德布罗意波长太小而无法测量，不能表现出明显的波动特性。

以下两个例子可以用于比较不同质量物体的德布罗意波长。

例 6.1　一个 75kg 的人以 1.5m/s 的速度行走时，其德布罗意波长是多少？

解：本例中人体动量 $p = 75\text{kg} \times 1.5\text{m/s} = 113\text{kg} \cdot \text{m/s}$，得出德布罗意波长为

$$\lambda = \frac{6.626 \times 10^{-34}\text{J} \cdot \text{s}}{113\text{kg} \cdot \text{m/s}} = 5.9 \times 10^{-36}\text{m} \qquad (6\text{-}4)$$

这个值不仅比典型固体中原子间距小数十亿倍，而且比构成原子核的质子和中子也小数十亿倍。因此，具有人体质量的物体不适于用来证明物质的波动行为。然而，对于具有非常小质量、非常低速度的物体，其德布罗意波长则大到可以测量。

例 6.2　电子通过具有 50 伏特（V）电位差的电场，其德布罗意波长是多少？

解：在通过 50V 电位差的电场后，电子有 50 电子伏特（eV）的能量。1eV 是 $1.6 \times 10^{-19}\text{J}$，所以本例电子能量为

$$50\text{eV}\frac{1.6 \times 10^{-19}\text{J}}{1\text{eV}} = 8 \times 10^{-18}\text{J} \qquad (6\text{-}5)$$

用经典动能表达式将能量和电子动量联系起来，得到

$$\text{KE} = \frac{1}{2}mv^2 \qquad (6\text{-}6)$$

然后对上式右侧同时乘和除质量 m，得到

$$\mathrm{KE} = \frac{1}{2}mv^2 = \frac{1}{2m}m^2v^2 = \frac{p^2}{2m} \qquad (6\text{-}7)$$

本例情况下电子能量（E）都以动能存在，所以 $E = \mathrm{KE}$。动量则为

$$p = \sqrt{2mE} \qquad (6\text{-}8)$$

对能量为 8×10^{-18} J 的电子，其动量为

$$p = \sqrt{2 \times 9.1 \times 10^{-31}\mathrm{kg} \times 8 \times 10^{-18}\mathrm{J}} = 3.8 \times 10^{-24}\mathrm{kg \cdot m/s}$$

将此值代入德布罗意方程式（6-3）中，得出波长

$$\lambda = \frac{6.626 \times 10^{-34}\mathrm{J \cdot s}}{3.8 \times 10^{-24}\mathrm{kg \cdot m/s}} = 1.7 \times 10^{-10}\mathrm{m} \qquad (6\text{-}9)$$

或 0.17 纳米（nm）。该值接近于晶体阵列原子间距，因此晶体阵列可用来做实验以确定运动电子的波长。

这个实验由戴维森和革末（Clinton Davisson 和 Lester Germer）在 1927 年完成。戴维森和革末知道从晶体散射的波会产生衍射图案，于是用电子轰击镍晶体，寻找衍射的证据。他们发现了电子衍射现象，然后基于散射角和晶体原子间距计算了电子的波长。所得结果与将实验所用电子质量和速度代入德布罗意关系式计算所得粒子波长一致。

一个类似但在概念上更加直观的实验是双缝实验，其经常被用来证明光的波动性，在任何综合性光学教科书中都可以找到这个重要实验的细节。本文以下概述帮助你理解这个实验如何用来演示粒子的波动性质。

双缝装置如图 6-4 所示，波源或粒子源之前有一屏，屏上有相距很近的两个小狭缝，屏后面远处有一个探测器。

首先考虑当源向屏发出连续的波时会发生什么现象。波前的一部分到达左狭缝，另一部分到达右狭缝。根据惠更斯原理，波前上每一点都可认为是子波波源，而子波从该点向外以球面形式扩散。如果没有屏，一个平面波波前上惠更斯子波源所发出的所有球面波会叠加产生下一个波前。下一波前上所有点也可以被认为是惠更斯子波源，发射出另一组球面波，叠加起来将产生更下一个波前。

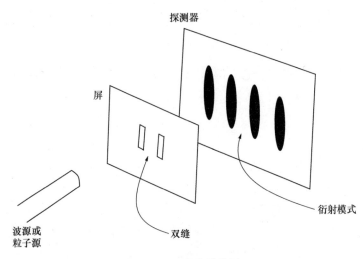

图 6-4　双缝实验装置

　　但是，当波遇到屏时，只有波前上两小部分二次波能通过狭缝，大部分二次波被屏阻挡。从波前这两部分发出的球面二次波传输到探测器，在那里叠加产生合成波。由于从左狭缝到探测器的距离与从右狭缝到探测器的距离并不一样，因此从两个狭缝发出的波以不同的相位到达探测器。根据相位差大小，这两个波可以相加或相减，从而干涉增强或减弱。在干涉增强的位置，探测器上出现明亮条纹；在干涉减弱的位置，则出现暗条纹。这种明暗相相间的条纹就是波动性特征。

　　现在假设源向屏发射一束例如电子的粒子流。其中一些电子会撞击到屏，另一些则会穿过狭缝。如果电子是没有波动特性的粒子，则探测器将记录到大致以狭缝形状分布的离散的累积能量，如图 6-5a 所示。但是，由于运动电子流具有波的特性，探测器将以干涉模式记录到能量的连续积累，如图 6-5b 所示。

　　最后，考虑一下当单个电子（而不是电子流）一次一个地通过狭缝时会发生什么。在这种情况下，探测器将每一电子记录为一个点，但这些点累积起来仍会产生干涉的明暗条纹。很明显，每一电子在通过两个狭缝时与其自身发生干涉。

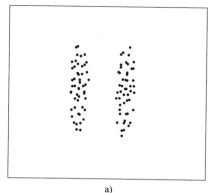
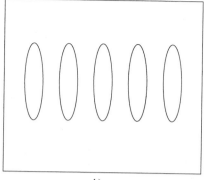

a)　　　　　　　　　　b)

图 6-5　a）双缝的经典粒子性结果；b）双缝的波动性结果

对波粒二象性的现代理解由图 6-6 给出。当一个量子力学物体运动时，其表现出波的行为，包括绕射、小孔衍射和干涉。当一个量子力学物体发出或接收能量时，就表现出粒子行为。不像粒子完全局域化于一点，也不是完全非局域地分布在整个空间中，量子力学物体表现为一个占据很小且有限空间的运动的波包。理解了量子物体的波粒二象特征—运动时表现为波动性、相互作用时表现为粒子性，有助于进一步理解薛定谔方程，这是下一节主题。

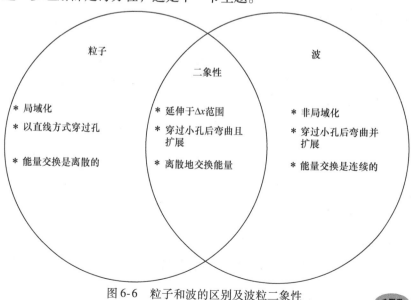

图 6-6　粒子和波的区别及波粒二象性

6.3 薛定谔方程

了解到电子具有波动性，你可能会想知道"到底是什么在波动?"或者，换个角度问，为什么电子像波一样传播而像粒子一样相互作用? 答案来自对波函数 $\Psi(x, t)$ 的解释，$\Psi(x, t)$ 是关于物质波的薛定谔方程的解。

尽管费曼（Richard Feynman）曾经说过从所知道的知识不能推导出薛定谔方程，但可以从粒子能量表达式开始来理解薛定谔理论。如果粒子进行非相对论运动（即相对于光速进行缓慢移动），并且作用在粒子上的力是保守的（每种力都有对应的势能），则粒子的总机械能 (E) 可以写成

$$E = \mathrm{KE} + V = \frac{1}{2}mv^2 + V = \frac{p^2}{2m} + V \qquad (6\text{-}10)$$

式中，KE 是动能，V 是粒子势能。

考虑到频率为 ν 的光子（可以被认为是"光粒子"）的能量为 $E = h\nu$（式（6-1）），薛定谔据此写出了关于物质波的能量方程。在给出方程之前，首先应该知道普朗克常数 h 和"约化普朗克常数"$\hbar$ 之间的区别，以及频率 ν 与角频率 ω 的关系:

$$E = h\nu = \left(\frac{h}{2\pi}\right)(2\pi\nu) = \hbar\omega \qquad (6\text{-}11)$$

其中，$\hbar = h/(2\pi)$ 和 $\omega = 2\pi\nu$。将能量表达式代入式（6-10）左侧，并令 $p = mv$，得出

$$\hbar\omega = \frac{p^2}{2m} + V \qquad (6\text{-}12)$$

根据德布罗意动量与波长的关系

$$p = \frac{h}{\lambda} = \left(\frac{h}{2\pi/k}\right) = \left(\frac{h}{2\pi}\right)k = \hbar k \qquad (6\text{-}13)$$

可以把式（6-12）写成

$$\hbar\omega = \frac{\hbar^2 k^2}{2m} + V \qquad (6\text{-}14)$$

为将能量方程转化为薛定谔方程，假设与粒子相关的物质波可以写成谐波函数 $\Psi(x, t)$：

$$\Psi(x,t) = A\mathrm{e}^{\mathrm{i}(kx-\omega t)} = \mathrm{e}^{-\mathrm{i}\omega t}(A\mathrm{e}^{\mathrm{i}kx}) \tag{6-15}$$

注意，我们通过指数分离可以把时间项和空间项分开。这有助于求导上式波函数，以便用于方程式（6-14）。

第一个导数是 Ψ 关于时间（t）的导数：

$$\frac{\partial \Psi}{\partial t} = \frac{\partial(\mathrm{e}^{-\mathrm{i}\omega t})}{\partial t}(A\mathrm{e}^{\mathrm{i}kx}) = -\mathrm{i}\omega(\mathrm{e}^{-\mathrm{i}\omega t})(A\mathrm{e}^{\mathrm{i}kx}) = -\mathrm{i}\omega\Psi \tag{6-16}$$

现在考虑 Ψ 对 x 求导，

$$\frac{\partial \Psi}{\partial x} = \mathrm{e}^{-\mathrm{i}\omega t}\frac{\partial(A\mathrm{e}^{\mathrm{i}kx})}{\partial x} = \mathrm{i}k\mathrm{e}^{-\mathrm{i}\omega t}(A\mathrm{e}^{\mathrm{i}kx}) = \mathrm{i}k\Psi \tag{6-17}$$

再求关于 x 的二阶导数，

$$\frac{\partial^2 \Psi}{\partial x^2} = \mathrm{e}^{-\mathrm{i}\omega t}\frac{\partial^2(A\mathrm{e}^{\mathrm{i}kx})}{\partial x^2} = (\mathrm{i}k)^2\mathrm{e}^{-\mathrm{i}\omega t}(A\mathrm{e}^{\mathrm{i}kx}) = -k^2\Psi \tag{6-18}$$

将这些导数与式（6-14）类比之前，最后一步是将式（6-16）两侧乘以 $\mathrm{i}\hbar$：

$$\mathrm{i}\hbar\frac{\partial \Psi}{\partial t} = (\mathrm{i}\hbar)(-\mathrm{i}\omega\Psi) = \hbar\omega\Psi$$

或

$$\hbar\omega = \frac{\mathrm{i}\hbar}{\Psi}\left(\frac{\partial \Psi}{\partial t}\right)$$

现在可以将其代入式（6-14）：

$$\frac{\mathrm{i}\hbar}{\Psi}\left(\frac{\partial \Psi}{\partial t}\right) = \frac{\hbar^2 k^2}{2m} + V$$

或

$$\mathrm{i}\hbar\left(\frac{\partial \Psi}{\partial t}\right) = \frac{\hbar^2 k^2}{2m}\Psi + V\Psi$$

但由式（6-18）已知 $k^2\Psi = -\partial^2\Psi/\partial x^2$，故

$$\mathrm{i}\hbar\left(\frac{\partial \Psi}{\partial t}\right) = \frac{-\hbar^2}{2m}\frac{\partial^2 \Psi}{\partial x^2} + V\Psi \tag{6-19}$$

此式即为一维含时薛定谔方程。如第 2 章第 2.4 节所述，薛定谔方程与经典波动方程的不同之处在于其对时间的偏导数是一阶导数而不是二阶导数，这对解的性质有重要影响。还要注意，"i"作为乘数因子意味着解通常具有复数形式。

在考虑求解方程之前，应该知道很可能会遇到薛定谔方程的"时间无关"形式。通过将式（6-16）时间导数 $\partial\Psi/\partial t$ 替换为 $-\mathrm{i}\omega\Psi$，可以从时间相关形式的方程导出时间无关形式：

$$\mathrm{i}\hbar(-\mathrm{i}\omega\Psi) = \frac{-\hbar^2}{2m}\frac{\partial^2\Psi}{\partial x^2} + V\Psi$$

或

$$\hbar\omega\Psi = \frac{-\hbar^2}{2m}\frac{\partial^2\Psi}{\partial x^2} + V\Psi \tag{6-20}$$

因为 $E = \hbar\omega$，所以这个方程可写为

$$E\Psi = \frac{-\hbar^2}{2m}\frac{\partial^2\Psi}{\partial x^2} + V\Psi \tag{6-21}$$

或

$$(E - V)\Psi = \frac{-\hbar^2}{2m}\frac{\partial^2\Psi}{\partial x^2} \tag{6-22}$$

要注意到"时间无关"并不意味着波函数不是时间的函数，其仍是 $\Psi(x, t)$。那么这种情况下何为与时间无关呢？所谓时间无关，指的是式（6-22）形式上在左侧是能量项。

在深入研究薛定谔方程的解之前，先想想式（6-22）的含义。它本质上是能量守恒表达式：总能量减去势能等于动能。所以式（6-22）表明粒子的动能与 Ψ 二阶空间导数即波函数的曲率成正比。曲率相对于 x 越大，意味着波的空间频率越高（在较短的距离内即从正变负），进而波长越短。德布罗意方程指出，波长越短，动量就越大。

例6.3 对于一个自由粒子，其与时间无关的薛定谔方程是什么？

解：在这种情况下，"自由"意味着粒子不受外力影响，而且，由于力是势能的梯度，所以自由粒子在势能恒定的区域中运动。势能的参考位置是任意的，可以在自由粒子薛定谔方程中设置 $V = 0$。式（6-22）就变成

$$E\Psi = \frac{-\hbar^2}{2m}\frac{\partial^2\Psi}{\partial x^2} \tag{6-23}$$

或

$$\frac{\partial^2\Psi}{\partial x^2} = -\frac{2mE}{\hbar^2}\Psi \tag{6-24}$$

自由粒子的总能量等于粒子的动能，可以设置 $E = p^2/(2m)$，有：

$$\frac{\partial^2\Psi}{\partial x^2} = -\frac{p^2}{\hbar^2}\Psi \tag{6-25}$$

这就是自由粒子的薛定谔方程。将此方程与驻波方程（第 3 章第 3.2 节式（3-22））相比较非常有意义。驻波方程为

$$\frac{\partial^2 X}{\partial x^2} = \alpha X = -k^2 X \qquad (3\text{-}22)$$

与式（6-25）相比较，得出

$$\frac{p^2}{\hbar^2} = k^2$$

因波数 $k = 2\pi/\lambda$，故

$$\frac{p^2}{\hbar^2} = \left(\frac{2\pi}{\lambda}\right)^2$$

或
$$\frac{p}{\hbar} = \frac{p}{h/(2\pi)} = \left(\frac{2\pi}{\lambda}\right)$$

求解这个 λ 方程，得出

$$\lambda = \frac{h}{p}$$

这是德布罗意物质波的波长表达式。对于自由粒子，其振荡频率和能量可以是任意值，但在势能变化的区域中粒子将被限制在特定频率和能量值上，这些值取决于边界条件。因此，一个粒子在势阱中的允许能量将被量子化，正如在课后习题和在线解答中看到的那样。

这意味着粒子的波特性类似于驻波，粒子的能量与驻波振荡频率成正比。你可能会看到与时间无关的薛定谔方程的解被称为"定态"，但应注意，这只意味着系统的能量随时间是恒定的，而不是波函数是静止的。

6.4　概率波函数

薛定谔第一次写下方程时，并不知道波函数 $\Psi(x, t)$ 的物理意义。他猜测这是电子的电荷密度。这是一个合理的猜测，毕竟他写下的是一个关于电子的波动方程，当一组电子在空间中扩散时，可以评估每单位体积的电荷量（电荷密度），以此来知道电子在哪里聚集或散开。然而，波恩（Max Born）却证明这一观点与实验不符，并给出

了自己的解释，这就是波函数的现代解释。

现代解释认为波函数是概率振幅，与在给定空间区域内找到粒子的概率有关。这个量之所以被称为振幅，是因为正如必须对机械波振幅取平方才能得到它的能量一样，也必须取波函数的平方才能得到概率密度（p）。由于波函数通常是复数，因此可以用波函数与其复共轭相乘而实现对振幅的平方：

$$p(x,t) = \Psi^*(x,t)\Psi(x,t) \tag{6-26}$$

或
$$p(x,t) = |\Psi(x,t)|^2 \tag{6-27}$$

一维概率密度是单位长度上的概率，二维概率密度是单位面积上的概率，三维概率密度是单位体积中的概率。换句话说，$p(x,t)$告诉我们在特定时间、在特定位置找到粒子的概率。

这回答了何为电子或其他量子力学物体的波动：一个移动的粒子等同于一个具有概率振幅的移动体。当遇到障碍物时（如第6.2节所述的两个狭缝），波的概率振幅依据波长而衍射。当发生相互作用时（就是当它被测量或被检测时），这个波函数会坍缩成单一测量结果，这个结果是离散的，与粒子行为一致（例如在电子双缝实验中探测器上出现的单个点）。

那么我们如何写出自由粒子的波函数呢？之前我们用复谐振函数做了初步猜测，

$$\Psi(x,t) = Ae^{i(kx-\omega t)} \tag{6-28}$$

如1.4节所示，这是余弦波和正弦波的复数组合。但当我们试图用这个波计算在空间某处找到粒子的概率时，就会出现一个问题。$p(x,t)$代表概率密度，对所有空间（$x=-\infty$到$x=+\infty$）进行积分应该给出概率1（在整个空间找到粒子的概率是100%）。但是，式（6-28）的波函数积分如下：

$$1 = \int_{-\infty}^{\infty} \Psi^*(x,t)\Psi(x,t)\,dx \tag{6-29}$$

$$1 = \int_{-\infty}^{\infty} A^*Ae^{-i(kx-\omega t)}e^{i(kx-\omega t)}\,dx \tag{6-30}$$

$$1 = A^*A(\infty) \tag{6-31}$$

没有数可以乘以无穷大后得到1，这个波形是"非归一化的"

（"归一化"是指缩放波函数，将在空间找到粒子的概率设置为100%的过程）。为修正式（6-28）的波函数使其归一化，第3章第3.3节介绍的傅里叶概念非常有用。可以在下一节看到如何使用这些概念来描述量子波包。

6.5　量子波包

　　粒子在空间中是局域化的，所以可合理地期待粒子对应的波在空间上也应该有限，也就是说，其应该是一个波包，而不是分布于整个空间具有恒定振幅的单波长波。理想情况下，这个波包应该由一个特定的波长（或动量）控制，这样德布罗意假设仍大体适用。但正如第3章第3.3节所述，如果不包含一些具有不同（但相近）波长的波，就不可能形成波包。波长范围对应着波数范围（因为 $k = 2\pi/\lambda$），波数范围则意味着动量范围（因为 $p = \hbar k$）。我们面临的挑战是构造一个波包，其在 Δx 的局域空间中以动量 $p = \hbar k_0$ 运动，k_0 代表主波数。

　　这样的波函数 $\Psi(x, t)$ 既依赖于位置（x）、也依赖于时间（t），按照第3.2节通过分离变量可更容易看到发生何种现象。令 $\Psi(x,t) = f(t)\psi(x)$ 可以集中讨论空间项 $\psi(x)$，时间项 $f(t)$ 的影响将在本节后面再讨论。

　　限定波函数空间范围的一种途径是将 $\psi(x)$ 写成两个函数的乘积：$g(x)$ 为"外部"包络和 $f(x)$ 对应"内部"振荡，

$$\psi(x) = g(x)f(x) \tag{6-32}$$

如果包络函数除在某个 x 值范围以外的任何地方都归零，则波包的振荡将局限于该范围。

　　例如，考虑单波长振荡函数 $f(x) = e^{ikx}$。由图6-7a中 $f(x)$ 实部（图中任取 $k = 10$）变化可见该函数扩展到所有空间（从 $x = -\infty$ 到 $x = +\infty$）。

　　现在考虑下式给出的包络函数 $g(x)$：

$$g(x) = e^{-ax^2} \tag{6-33}$$

如图6-7b所示，该函数在 $x = 0$ 处达到峰值 $g(x) = 1$，并以常数 a 所决定的速率向正负方向递减（我们为该图选择 $a=1$）。

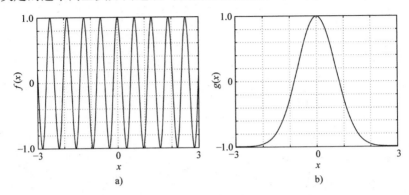

图 6-7　a）振荡函数 $f(x)=\mathrm{e}^{\mathrm{i}kx}$ 的实部；b）包络函数 $g(x)=\mathrm{e}^{-ax^2}$

将包络函数 $g(x)$ 乘以振荡函数 $f(x)$，所得乘积函数 $f(x)g(x)$ 在正负两个方向振荡收敛，如图 6-8 中 $f(x)g(x)$ 实部图线所示。该函数不再有单一的波长（如果有，其就不会随着距离增长而振荡收敛），你可以在后续了解关于其波长的更多内容，但是首先应在此考虑 $f(x)$ $g(x)$ 的概率密度。

由于 $f(x)=\mathrm{e}^{\mathrm{i}kx}$、$g(x)=\mathrm{e}^{-ax^2}$，则波函数 ψ 及其复共轭 ψ^* 为

$$\psi = \mathrm{e}^{\mathrm{i}kx}\mathrm{e}^{-ax^2}$$
$$\psi^* = \mathrm{e}^{-\mathrm{i}kx}\mathrm{e}^{-ax^2}$$

所以概率密度是

$$p = |\psi^*\psi| = (\mathrm{e}^{-\mathrm{i}kx}\mathrm{e}^{-ax^2})(\mathrm{e}^{\mathrm{i}kx}\mathrm{e}^{-ax^2}) = \mathrm{e}^{-2ax^2}$$

对整个空间进行积分

$$p_{\mathrm{all\ space}} = \int_{-\infty}^{\infty} \mathrm{e}^{-2ax^2}\mathrm{d}x = \sqrt{\frac{\pi}{2a}}$$

要设置 $p_{\mathrm{all\ space}}=1$，需要用这个因子的倒数来缩放 $\psi^*\psi$。这意味着函数 ψ 必须按 $\sqrt{\pi/(2a)}$ 倒数的平方根来缩放，因此

$$\psi(x) = \sqrt{\frac{1}{\sqrt{\pi/(2a)}}}\ \mathrm{e}^{-ax^2}\mathrm{e}^{\mathrm{i}kx} = \left(\frac{2a}{\pi}\right)^{1/4}\mathrm{e}^{-ax^2}\mathrm{e}^{\mathrm{i}kx} \qquad (6\text{-}34)$$

该函数在以主波长振荡时具有所期望的局域空间特性，并且其已被归

一化，可给出全空间概率为 1。

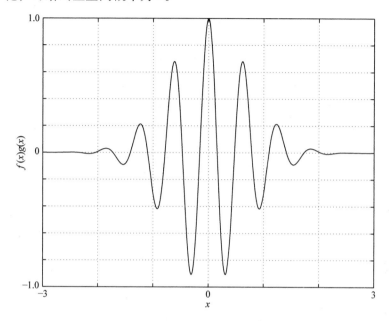

$$f(x)g(x)$$

图 6-8　乘积函数 $f(x)g(x) = e^{ikx}e^{-ax^2}$ 的实部部分

在下例，我们可以看到宽度常量 a 值的作用。

例 6.4　如果粒子的波函数定义为

$$\psi(x) = \left(\frac{0.2}{\pi}\right)^{1/4} e^{-0.1x^2} e^{ikx}$$

求在特定位置找到粒子的概率。

解：在这种情况下，宽度常数 a 是 0.1，这使得概率密度

$$\psi^*(x)\psi(x) = \left[\left(\frac{0.2}{\pi}\right)^{1/4} e^{-0.1x^2} e^{-ikx}\right]\left[\left(\frac{0.2}{\pi}\right)^{1/4} e^{-0.1x^2} e^{ikx}\right]$$

$$= \left(\frac{0.2}{\pi}\right)^{1/2} e^{-0.2x^2}$$

这是一个高斯分布，如图 6-9 所示。

为求出具有这种波函数的粒子在某个特定位置的概率，必须对该点周围的概率密度进行积分。本例求解在 $x = 1\text{m}$ 处在 0.1m 范围内找

到粒子的可能性为

$$p(1 \pm 0.1) = \left(\frac{0.2}{\pi}\right)^{1/2} \int_{0.9}^{1.1} e^{-0.2x^2} dx = 0.041$$

或4.1%。可以通过对整个空间进行积分，来检查此函数的归一化情况：

$$p_{\text{all space}} = \left(\frac{0.2}{\pi}\right)^{1/2} \int_{-\infty}^{\infty} e^{-0.2x^2} dx = 1$$

所以在整个空间的某处找到这个粒子的概率确实是100%。

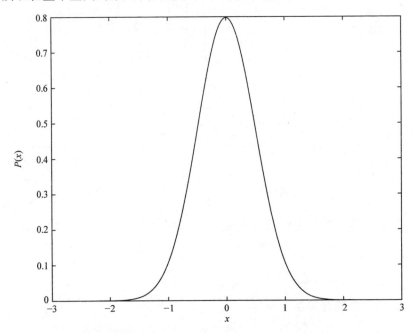

图6-9 $\psi(x) = (0.2/\pi)^{1/4} e^{-0.1x^2} e^{ikx}$ 的概率密度

我们学习量子力学时很可能会遇到其他未经归一化的波函数，通常可以通过类似下例的过程来实现归一化。如果在波形前面写一个乘数因子（通常称为 A），可以将概率密度在所有空间上的积分设为1，然后求解 A。下面的例子给出了如何对三角形脉冲函数进行归一化的过程。

例 6.5　对图 6-10 中三角形脉冲波函数进行归一化。

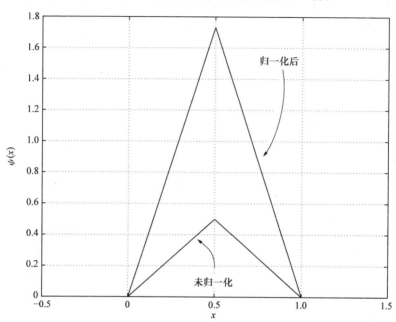

图 6-10　未归一化的和归一化的三角脉冲波函数

解：这个三角形脉冲的方程可以写成

$$\psi(x) = \begin{cases} Ax & 0 \leqslant x \leqslant 0.5 \\ A(1-x) & 0.5 \leqslant x \leqslant 1 \\ 0 & \text{其他} \end{cases}$$

将其代入概率密度积分

$$P_{\text{all space}} = 1 = \int_{-\infty}^{\infty} \psi^*(x)\psi(x)\,dx$$

因此有

$$1 = \int_{0}^{0.5} (A^*x)(Ax)\,dx + \int_{0.5}^{1} (A^*(1-x))(A(1-x))\,dx$$

从每个积分中提出 A^*A，则

$$1 = A^*A\left(\int_{0}^{0.5} x^2\,dx + \int_{0.5}^{1} (1-x)^2\,dx\right)$$

$$1 = A^* A \left(\frac{1}{24} + \frac{1}{24} \right)$$

由于方程中所有因子都是实数，因此 $A^* A = A^2$。求解归一化常数 A 得出

$$A^2 = 12$$

因此

$$A = \sqrt{12}$$

图 6-11 显示了归一化前后的概率密度。归一化概率密度曲线面积为 1，但归一化波函数和概率密度曲线相对于未归一化的波函数和概率密度的形状并无变化，只是其尺度发生了缩放。

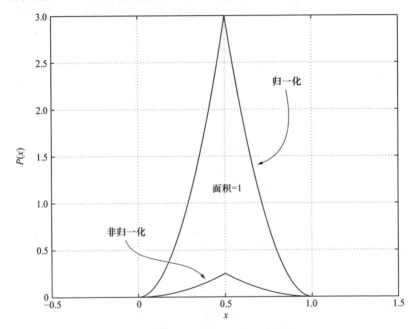

图 6-11   未归一化和归一化的概率密度

本例方法可用来构造和归一化空间有限波函数，但也要了解这些波形的波数（和动量）范围。要做到这一点，不要用振荡函数乘以包络函数，而是考虑第 3 章第 3.3 节描述的傅里叶合成方法。可以从单

波长函数 e^{ik_0x} 构造一个空间有限的波函数，所用方法就是以适当比例加上其他单波长函数，使合成函数的振幅以所要求的速率在空间中发生振荡衰减。

如果试图用一组离散的波函数 ψ_n 来实现这一点，并用 ϕ_n 表示每个分量波形的振幅系数，则组合波形将为

$$\psi(x) = \sum_n \psi_n = \frac{1}{\sqrt{2\pi}} \sum_n \phi_n e^{ikx} \tag{6-35}$$

将比例因子 $1/\sqrt{2\pi}$ 包含在内的原因将在下文阐明。现在我们应该回想一下第 3 章，这种离散加和结果必须具有空间周期性（即必须在一定距离内发生重复）。所以，如果想构造在空间中某单个区域具有大振幅的波函数，那么这些分量波函数之间的波数差必须无穷小，并且离散加和能够转化为积分

$$\psi(x) = \frac{1}{\sqrt{2\pi}} \int_{-\infty}^{\infty} \phi(k) e^{ikx} dk \tag{6-36}$$

其中离散系数 ϕ_n 已被 $\phi(k)$ 代替，$\phi(k)$ 是一个连续函数，决定着加和中每一波数分量的权重。

式（6-36）看起来很熟悉，你可能会想起第 3 章的式（3-34），这是傅里叶逆变换方程。因此空间波函数 $\psi(x)$ 和波数函数 $\phi(k)$ 是傅里叶变换对。也就是说，可以通过 $\psi(x)$ 的傅里叶变换找到波数函数

$$\phi(k) = \frac{1}{\sqrt{2\pi}} \int_{-\infty}^{\infty} \psi(x) e^{-ikx} dx \tag{6-37}$$

$\psi(x)$ 和 $\phi(k)$ 之间的傅里叶变换关系具有重要意义。像所有共轭变量对一样，这些函数遵循不确定性原理，这可以帮助我们确定空间波函数的波数特性。

为了解其如何作用，考虑一个宽度为 σ_x 的高斯包络函数

$$g(x) = e^{-x^2/(2\sigma_x^2)} \tag{6-38}$$

这与式（6-33）的包络函数基本相同，尽管现在常数 a 的含义很清楚：$a = 1/(2\sigma_x^2)$，其中，σ_x 是高斯波函数的标准差。将这个包络函数乘以单波数振荡函数 $f(x) = e^{ik_0x}$，然后归一化处理，得到波形

$$\psi(x) = \left(\frac{1}{\pi\sigma_x^2}\right)^{1/4} e^{-x^2/(2\sigma_x^2)} e^{ik_0 x} \qquad (6\text{-}39)$$

既然知道 $\psi(x)$ 和 $\phi(k)$ 是傅里叶变换对，可以通过对 $\psi(x)$ 进行傅里叶变换来确定时间受限波函数的波长特性。

傅里叶变换是

$$\phi(k) = \frac{1}{\sqrt{2\pi}} \int_{-\infty}^{\infty} \psi(x) e^{-ikx} dx = \frac{1}{\sqrt{2\pi}} \left(\frac{1}{\pi\sigma_x^2}\right)^{1/4} \int_{-\infty}^{\infty} e^{-x^2/(2\sigma_x^2)} e^{ik_0 x} e^{-ikx} dx$$

所以波数（和动量）分布是

$$\phi(k) = \left(\frac{\sigma_x^2}{\pi}\right)^{1/4} e^{(\sigma_x^2/2)(k_0-k)^2} \qquad (6\text{-}40)$$

这是一个在 k_0 附近的高斯分布，宽度 $\sigma_k = 1/\sigma_x$。换句话说，它是一个以 k_0 为主并包含其他接近 k_0 的动量值的分布。而且，动量的分布取决于波包在空间的分布。

具体地说，空间波函数收敛越快（也就是说，σ_x 越小），包含在波函数中的波数扩展范围就越大（即 σ_k 必须越大）。如果波数的范围大，则动量的范围就会大（因为 $p = \hbar k$）。

在给出位置扩展范围后，波数和动量的扩展范围到底有多大？对位置不确定性的详细分析（可以在许多量子书籍中找到）表明，对于标准差为 σ_x 的高斯波包，位置不确定度为 $\Delta x = \sigma_x/\sqrt{2\pi}$，波数不确定度为 $\Delta k = \sigma_k/\sqrt{2\pi}$。由于 $\sigma_k = 1/\sigma_x$，位置不确定度和波数不确定度的乘积为

$$\Delta x \Delta k = \left(\frac{\sigma_x}{\sqrt{2\pi}}\right)\left(\frac{\sigma_k}{\sqrt{2\pi}}\right) = \left(\frac{\sigma_x}{\sqrt{2\pi}}\right)\left(\frac{1}{\sigma_x\sqrt{2\pi}}\right) = \frac{1}{2\pi} \quad (6\text{-}41)$$

同理，x 和 p 不确定度的乘积为

$$\Delta x \Delta p = \left(\frac{\sigma_x}{\sqrt{2\pi}}\right)\left(\frac{\sigma_p}{\sqrt{2\pi}}\right) = \left(\frac{\sigma_x}{\sqrt{2\pi}}\right)\left(\frac{\hbar\sigma_k}{\sqrt{2\pi}}\right) = \left(\frac{\sigma_x}{\sqrt{2\pi}}\right)\left(\frac{\hbar}{\sigma_x\sqrt{2\pi}}\right) = \frac{\hbar}{2\pi}$$

$$(6\text{-}42)$$

这就是所谓的"海森堡测不准原理"，它是第三章讨论的共轭变量之间一般不确定关系的情形之一。

你可能会听过海森堡不确定性原理被描述成"你对位置的了解越精确，你对动量的了解就越不精确"，用"了解"这个词进行表述仅在一定程度上正确。如果你测量一个给定粒子的位置，然后再测量它的动量，当然可以测量每个粒子的精确值。这里有一个更好的方法来思考海森堡的不确定性原理。

假设有大量相同粒子处于相同的状态（所以它们都有相同的波函数）。如果这些粒子"集聚"的空间分布很小，测量所有粒子的位置将得到非常相似的值。然而，如果你测量每一粒子的动量，所测得的动量将彼此大不相同。这是因为这些位置分布程度很小的粒子会有许多动量态（波数不同的波），测量过程会导致波函数随机坍缩到状态之一。反之，如果粒子位置分布得很大，则贡献动量的态就很少，故动量的测量值将非常相似。

为什么量子力学的粒子会有这种奇怪的特性呢？原因又回到了波粒二象性：粒子位于特定位置或具有特定动量的概率取决于波函数，位置和动量之间的关系由波动行为决定。

我们要考虑关于量子波的最后一个问题是自由粒子波函数的时间变化。为此，我们必须把时间项放回到空间受限波函数中。基于上面讨论，波函数有一个主波数 k_0 和一系列附加波数，这些波数分量组合起来实现局域化。在时间 $t = 0$ 时，高斯波包的波函数 $\Psi(x, 0)$ 可以写成

$$\Psi(x, 0) = \frac{1}{\pi\sigma_x^2} e^{ik_0 x} e^{-x^2/(2\sigma_x^2)} \tag{6-43}$$

其中，σ_x 是高斯包络的标准差。在时间 t，这个波函数是

$$\Psi(x, t) = \sqrt{\frac{1}{2\pi}} \int_{-\infty}^{\infty} \phi(k) e^{i[kx - \omega(k)t]} \, \mathrm{d}k \tag{6-44}$$

其中 $\phi(k)$ 是波数函数，即位置函数的傅里叶变换。在这个表达式中，我们把 ω 写成 $\omega(k)$，以便提醒你角频率 ω 依赖于波数 (k)。因此，主波数 k_0 的角频率为 $\omega_0 = \hbar k_0^2/(2m)$，当角频率随 k 变化时，有 $\omega(k) = \hbar k^2/(2m)$。

将高斯波包 $\phi(k)$ 函数代入到 $\Psi(x, t)$ 的表达式中，可以得到

$$\Psi(x,t) = \left(\frac{\sigma_x^2}{4\pi^3}\right)^{1/4} \int_{-\infty}^{\infty} e^{[-(\sigma_x^2/2)(k_0-k)^2]} e^{i[kx-\omega(k)t]} dk$$

$$= \left(\frac{\sigma_x^2}{4\pi^3}\right)^{1/4} e^{i[k_0x-\omega_0t]} \left(\frac{\pi}{\sigma_x^2/2 + i\hbar t/(2m)}\right)^{1/2} \times$$

$$\exp\left[\frac{-(x-\hbar k_0 t/m)^2}{4(\sigma_x^2/2 + i\hbar t/(2m))}\right] \quad (6\text{-}45)$$

这个积分推导过程可以在课后习题和在线解答中找到。

$\Psi(x, t)$ 的表达式可能不太好看，但是 Mathematica、Matlab 和 Octave 等程序可以帮助我们探索波函数随时间的变化。例如，如果选择一个具有质子质量（1.67×10^{-27}kg）且以 4mm/s 速度运动的粒子，那么该粒子的德布罗意波长刚好低于 100μm。所得波函数形成了标准差为 250μm 的高斯波包，如图 6-12 所示。

图 6-12 中给出空间范围约为 10mm、在 $t = 0$、1s 和 2s 时的波函数。粒子的主波长约为 100μs。在时间 $t = 0$ 时，在标准差范围内波包中心最大值的两侧约有 2.5 个周期。波包每秒传播 4mm 距离，这正如预期，波包的群速度等于粒子的速度。

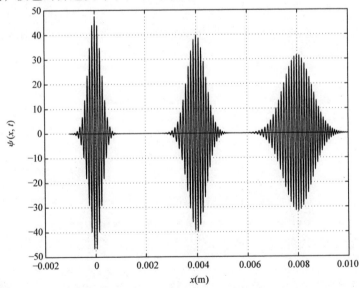

图 6-12　$t = 0$，$t = 1$s，$t = 2$s 时波包的实部

组成波包的各分量波的相速度则略有不同，但这些速度大约是波包群速度的一半。为进行证明，考虑德布罗意波的色散关系

$$\omega(k) = \frac{\hbar}{2m}k^2 \tag{6-46}$$

波包的群速度（$\mathrm{d}\omega/\mathrm{d}k$）是

$$v_g = \left(\frac{\mathrm{d}\omega}{\mathrm{d}k}\right) = \frac{\hbar k}{m} \tag{6-47}$$

这对应着经典粒子速度。由于相速度是 ω/k，即

$$v_p = \frac{\omega}{k} = \frac{\hbar k}{2m} \tag{6-48}$$

该值是波包群速度的一半，即粒子速度的一半。

图 6-13 显示了波包随时间推移在空间中运动时的概率密度。正如我们在 $\varPsi(x, t)$ 图和概率密度图所见，波包不仅在移动，而且随着时间的推移也在扩展。如第 3 章第 3.4 节所述，当组成波包的分量波以不同速度传播时，就会出现色散。考虑到量子色散关系相对于 k 并非线性变化，波包各分量的不同速度导致波包随时间而扩散。

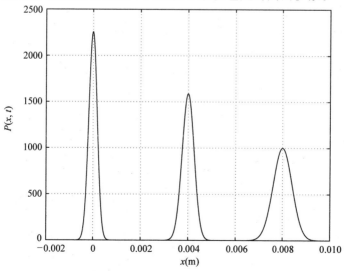

图 6-13　$t = 0$，$t = 1\mathrm{s}$，$t = 2\mathrm{s}$ 时波包的概率密度

在这一章中看到的所有物质波都是势能恒定区域（我们把势能设为零）中的自由粒子，这些物质波都以 e^{ikx} 为基本函数。如第 4 章所述，波在非均匀绳（绳的密度或张力不是恒定的）中具有非正弦的基函数。对于非恒定势能区域中的物质波也是如此，你可以在本书网站的补充材料中学习到此类问题。

在本书的网站上，您可以找到每一章结尾习题的完整解答，我们强烈建议你通过这些问题来检查你对本章中概念和方程的理解。

6.6 习题

6.1 水分子质量为 2.99×10^{-26} kg，以 640m/s（室温下可能的速度）移动，求一个水分子的德布罗意波长。

6.2 质量为 1.67×10^{-27} kg 的质子，当其能量为 15MeV 时，该质子的德布罗意波长是多少？

6.3 一组电子的位置扩散测得为 $1\mu m$。对于同样系统，能测量到的动量扩散的最佳情况为何？

6.4 对整个空间上的波函数 $\psi(x) = xe^{-x^2/2}$ 进行归一化。

6.5 当 $0 \le x \le \pi/5$ 时，对波函数 $\psi(x) = \sin(15x)$ 进行归一化，其他地方 $\psi(x)$ 均为零。

6.6 计算前一问题在 0.1m 到 0.2m 之间找到粒子的概率。

6.7 证明式（6-39）中波函数的波数分布 $\psi(k) = (\sigma_x^2/\pi)^{1/4}$ $e^{(\sigma_x^2/2)(k_0-k)^2}$。

6.8 （a）如果前一问题中波数分布的参数 $k_0 = 6.2 \times 10^4$ rad/m、$\sigma_x = 250\mu m$，求找到波数介于 6.1×10^4 rad/m 和 6.3×10^4 rad/m 之间粒子的概率。

（b）请将你的答案与当 $\sigma_x = 400\mu m$ 时所得结果进行比较。

6.9 证明在式（6-44）中代入高斯波包（式（6-40））可以得到式（6-45）给出的 $\Psi(x, t)$ 表达式。

6.10 与自由粒子完全不同的情况是在势阱中被捕获的粒子，最简单的例子是盒子里的粒子，一个无限深的恒定势阱如图 6-14所示：

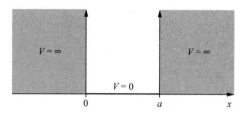

图 6-14 习题 6.10 图

（a）这种情况下，波函数未穿过势阱侧壁，且 $\psi(0)=\psi(a)=0$。证明 $\psi(x)=\sin(n\pi x/a)$ 满足式（6-21）和边界条件。n 可取何值？

（b）归一化 $\psi(x)$。

（c）根据三个最小的 n 值绘制出波函数，然后与图 3-5 中绳上驻波进行比较。

参 考 文 献

[1] Brigham, E. , *The FFT*, Prentice – Hall, 1988.

[2] Crawford, F. , *Waves*, Berkeley Physics Course, Vol. 3, McGraw – Hill, 1968.

[3] Freegarde, T. , *Introduction to the Physics of Waves*, Cambridge University Press 2013.

[4] French, A. , *Vibrations and Waves*, W. W. Norton, 1966.

[5] Griffiths, D. , *Introduction to Quantum Mechanics*, Pearson Prentice – Hall, 2005.

[6] Hecht, E. , *Optics*, Addison – Wesley, 2002.

[7] Lorrain, P. , Corson, D. , and Lorrain, F. , *Electromagnetic Fields and Waves*, W. H. Freeman and Company, 1988.

[8] Morrison, M. , *Understanding Quantum Physics*, Prentice – Hall, 1990.

[9] Towne, D. , *Wave Phenomena*, Courier Dover Publications, 1967.

致　谢 ━━━━━━

本书所能展现的优点归功于作者的学生们，正是他们在课堂教学中表现出的好奇心、智慧和学习毅力，促使作者对波的物理规律进行深入理解和形象解释！

作者要感谢 Nick Gibbons 博士、Simon Capelin 博士和剑桥大学出版社世界一流的编辑团队。他们的帮助对本书为期两年的写作和出版过程极为重要。Claire Eudall 和 Catherine Flack 的专业指导是本书电子版问世的前提。

Laura 还要感谢 Carrie Miller 博士对本书的大量建议、支持与鼓励，我总可以依赖 Carrie 帮我在困境中指明道路。我还要感谢闭门写作时 Bennett 的耐心与支持。我的父母、姐妹、内弟、外甥们给予了我鼓励与帮助，感谢你们！

与往常一样，Dan 感谢 Jill 坚定不移的支持、感谢 John Fowler 博士的远见卓识，是他们促使我对大学生理工专题导读系列做出了自己的贡献。

丹尼尔·弗莱施

本书由 Cambridge University Press 授权机械工业出版社在中国境内（不包括香港、澳门特别行政区及台湾地区）出版与发行。未经许可之出口，视为违反著作权法，将受法律之制裁。

北京市版权局著作权合同登记　图字：01 – 2018 – 7049 号。

图书在版编目（CIP）数据

大学生理工专题导读. 波/（美）丹尼尔·弗莱施（Daniel Fleisch），（美）劳拉·金纳曼（Laura Kinnaman）著；赖伟东译. —北京：机械工业出版社，2021.8
书名原文：A Student's Guide to Waves
ISBN 978-7-111-68697-2

Ⅰ.①大…　Ⅱ.①丹…　②劳…　③赖…　Ⅲ.①波　Ⅳ.①O

中国版本图书馆 CIP 数据核字（2021）第 191315 号

机械工业出版社（北京市百万庄大街 22 号　邮政编码 100037）
策划编辑：汤　嘉　责任编辑：汤　嘉　张　超
责任校对：肖　琳　封面设计：张　静
责任印制：郜　敏
三河市国英印务有限公司印刷
2021 年 10 月第 1 版第 1 次印刷
148mm×210mm·6.375 印张·176 千字
标准书号：ISBN 978-7-111-68697-2
定价：49.80 元

电话服务　　　　　　　　　　　网络服务
客服电话：010 – 88361066　　机　工　官　网：www.cmpbook.com
　　　　　010 – 88379833　　机　工　官　博：weibo.com/cmp1952
　　　　　010 – 68326294　　金　　书　　网：www.golden – book.com
封底无防伪标均为盗版　　　　机工教育服务网：www.cmpedu.com